卓越管理

成功領導者養成聖經

劉志遠——編著

缺乏經驗的管理人認為，只要埋頭苦幹、團結好下屬就行；
老於世故的管理人認為，只要拍好上司的馬屁，
就等於做好工作。
這都是對管理的誤解。

序言

如果我問你：「經理人需要管理什麼?」你會怎麼樣回答呢?初出茅廬的經理人往往不假思索地回答：「管理下屬。」事實果眞如此簡單嗎?其實，這樣的答案有兩大失誤，這兩大失誤，或許要經理人花費很長的時間和付出昂貴的代價，才能眞正總結出來。

失誤之一是，把管理的對象僅僅看作爲人，實際上，管理的對象應該是「關係」。「我管理喬治、傑克，還有布爾特。」其實是你在管理喬治、傑克和布爾特之間的關係——當你這樣想的時候，你才會把管理變爲互動，而不是一廂情願地運用你的權力去壓服他們，而且，「我管理喬治、傑克，還有布爾特」也是管理他們幾個人之間的關係——只有這樣想，你才會分清管理單個下屬與管理一個團隊的不同。

失誤之二是，把管理的維度簡單化了。具體地說，就是只看到了最直觀、最傳統的向下的那一維，而忽視了其他的重要維度。比如說，你的主管、你的同事、你的外部關係等等。在以集權式決策、命令層層下傳、跨部門運作匱乏，以及人的能動性並不重要

等爲特徵的早期企業組織中，向下管理的確曾經是最重要的一維，因此，那個年代對經理人的定義是：「對下屬的工作負責任的人。」

管理大師杜拉克對經理人的定義是：「對影響自己績效的所有人的績效負責的人」。在這個基礎上，他把經理人的管理分爲了五個維度。

第一，是自我管理體制，管理你的形象、你的時間、你的情緒等等。

第二，是對上管理，管理你主管。

第三，是向下管理，管理你的下屬和團隊，這是最傳統的維度。

第四，是橫向管理，管理其他部門和平級同事。

第五，是對外管理，管理你的外部關係。

缺乏經驗的管理人認爲，只要埋頭苦幹、團結好下屬就行；老於世故的管理人認爲，只要拍好主管的馬屁，就等於做好工作。這都是對管理的誤解。

看看這本小書上的建議吧，我想它絕對可以讓你從紛繁雜亂的瑣事中解脫出來，看到一個經理人眞正應該做些什麼，儘管有人稱他的這些想法爲「五維管理」，但我還是想極力地避免這一稱謂，畢竟我們需要的不是新名詞，而是眞正的、有效的管理，那就讓時間來證明一切吧，希望這本書能成爲你經理人生涯的開端。

目錄 CONTENTS

經理人要做什麼？
杜拉克談五維管理

目錄
CONTENTS

第二維　對上管理－管理你的主管

第三維　對下管理－管理你的下屬

第四維 橫向管理——管理你的平級同事

目錄
CONTENTS

經理人要做什麼？

杜拉克談五維管理

第一維　自我管理──管好你自己

Part 1

在孩提時代，一個有關牧師的小故事曾使我驚奇不已……

一個星期六的早晨，牧師正在準備第二天的佈道。他的妻子有事出去了，小兒子在家哭鬧不休，嚴重擾亂了他的思路。心煩意亂中，牧師隨手拿起一幅色彩鮮豔的世界地圖，把它撕碎並丟在地上，憤怒地說：「小約翰，你如果能把這些碎片拼起來，我就給你五美分。」牧師以爲這件事會花掉約翰一上午的時間。但沒過十分鐘，就有人在敲他的房門，是他的兒子。

牧師看到約翰在如此短的時間內就拼好了世界地圖，十分驚奇地說：「孩子，你是怎樣成功的呢？」「這很容易，」小約翰慢騰騰地說，「地圖的反面是一個人的照片，我試著把這個人的照片拼到一起，然後把它翻過來。我想，如果這個人（像）是正確的，那麼，這個世界（地圖）也就是正確的。」牧師微笑起來，一邊爽快地付給他兒子五美分，一邊高興地說：「孩子，你啓發了我！明天的佈道，我知道該講些什麼了——**如果一個人是正確的，他的世界也就是正確的。**」

「如果一個人是正確的，他的世界也就是正確的」，多麼奇妙的語言啊！我也從中受到了啓迪：一個主管只有使自己正確了，才能改造他周圍的世界、影響他的員工，這是一個努力實現自身價值的過程。

1. 改善你的形象

麥肯錫公司最新的一項調查表明，在成功的經理人中，有95.3％的人獲得了下屬對自己形象的A等評分，在問及經理人首先考慮注意的幾個方面時，選擇「自我形象」的占到了73％，因此，作爲一個主管的人，你絕對不能忽視良好的自我形象，擁有「新形象」的首要理由，或許不是爲了讓下屬覺得你更好，而是因爲你想讓自己感覺更好。當你試著改善自己的形象時，你就促進了自己積極的態度。

當你有一個糟糕的自我形象時，你彷彿是在黑暗中照鏡子。當你覺得自己看起來很差時，對你而言，一切都無比灰暗。相反地，當你自覺不錯時，世界都顯得更爲明亮，你也好像處於世界的中心位置一樣。

我和妻子瑪莉剛結婚時，她每個星期五都去修剪頭髮。這變成了一個例行習慣。有時，我們的預算有些不足，我就想她有沒有必要非這麼做。我那時沒有意識到，這個習慣對她的態度有多大影響。應當承認，她的外表得以改善，但這還不是最重要的。重要

的是，瑪莎的自我感覺更好了。我花了一段時間才意識到，星期五通常是我們在一起度過的最愉快的日子。有時，我禁不住想，如果從未發明鏡子，人們的心情也許會更好。

我還認識一個小夥子薛瑞克，現在已經是蒙利特公司人力資源部的經理了，可是，在他十幾歲時，對自己的形象是灰心的，學校裡的所有人都認爲他是一個不合群、死讀書的學生。快畢業時，薛瑞克選修了一門無學分的課程，該課程的目的是爲學生找工作提供一些準備知識。該課程的一部分內容是，用錄影帶錄下一段求職面試場景，並讓指導教師和同學們進行評論。爲了通過這次嚴峻的考驗，薛瑞克買了一套新西裝，重剪了個髮型，並配了一副更時髦的眼鏡。他還在家中反覆練習。當輪到薛瑞克時，他做得非常好，每一個觀看了錄影的人都稱讚他。大家的承認和支援，對薛瑞克產生了奇妙的影響。他第一次感覺自己還不錯。他的消極形象頓時轉爲積極，並且再也不是阻礙他未來發展的因素了。

好吧，現在也許不用我再多說，你已經體會到了，良好的形象對於一個經理人來說是多麼重要了。爲了保持一個良好的形象，做到以下幾點對你來說或許會很有幫助：

・**形象和心態的聯繫**。如果不保持良好的自我形象，心態就會受傷害。請接受這一

前提。即使你不在意你的下屬怎樣看你，也應在意自己怎樣看自己，因爲這對你的心態很重要。

- **改善服飾**。對如何穿衣以及如何協調不同時尚飾品和顏色等，給予更多的注意力。儘可能做出最佳「主管宣言」。
- **髮型、化妝**。在髮型、面部化妝等方面花更多的時間，你會收到不一樣的效果。
- **顯示健康**。花時間進行鍛鍊。很多方面都能創造更健康的形象，例如舉止得體、保護牙齒、控制體重、合理飲食等。
- **保持自我**。不要過分受他人和媒體的影響。對自己應該是何種形象，你的公司適合什麼樣的形象，應該堅持自己的看法。按照自己的方式來與眾不同。

「請記住，無論發生什麼事，或好或壞，它也一定曾經發生在別人身上，既然他們都能解決，你也一定能解決。」菲爾茲太太甜餅公司創始人德比‧菲爾茲的這句話，相信能讓你自信地去面對所有的問題。

2.管理時間是效率的開始

只要我們好好觀察一下，就會發現，有的經理人一天到晚看上去非常繁忙，似乎有許多事情等著他去做，而有的卻悠然自在，完全看不出他是一個管理著上億資產的大老闆。顯然，後一種人才是眞正意義上的成功者，想成爲他們中的一員其實並不難，如果你仔細地把你的各種活動分一下類，你也許會發現，只有百分之二十才是非常重要的，而另外百分之八十純粹是繁瑣而低效的事務，因此，處理好前面的百分之二十才是最爲重要的，你應該最大限度地減少花在日常雜務活動上的時間，才不會因爲心亂而緊張兮兮。

喬治．福斯特從位於曼哈頓中心的公司總部，到主要工廠的所在地及他的居住地紐澤西，每天都要在擁擠不堪的公路上浪費二個半小時。他現在急得快要發瘋了，因爲他答應太太到飯店吃飯。如果他今天能在八點前趕回家，那才叫幸運呢！

「我眞想利用在紐約召開產品計畫會議來回折騰所花費的時間做點事。」他怒氣沖

沖地說。工廠採購員埃迪·貝爾來回跋涉已有六年，他總悶悶不樂。

「幹嘛這樣？」他問自己，這喚醒了他。

「你我至少已共事六年，而弗雷德·伯克做得更久。」埃迪說。

「提這些事做什麼，特別是爲什麼跟交通聯繫起來？」埃迪很想知道答案。

「我的想法是，我們來回折騰浪費時間是荒唐可笑的。我們可以用電話交談，配合上現在已經發展起來的辦公室自動化設備，可以用一套會議連線系統進行所有的會議，我們可以把我們的材料散發到工廠會議室的桌子上，艾爾·基尼和他手下的人也可以在紐約進行一切計畫。由於我們有自己的電話聯絡系統，不用別人轉接，我們就可以相互討論。由於熟悉彼此的聲音，根本用不著作自我介紹，這是很容易的事！」喬治滔滔不絕地說。

爲了達到有意義的目標和成爲有效率的管理者，我們必須優先把時間用在有意義的活動上，以取代許多無意義的或次要的活動。

現在讓我來告訴你，如何更妥善地利用時間，使工作更有效率。我並不是主張要你把工作時間延長到十至十二小時，如果你願意，甚至還可縮短花在工作上的時間。

糟糕的是，許多人確實試圖延長他們的工作時間，以完成更多的工作，但那是沒有益處的。工作會不斷地擴展，填滿它能得到的時間。工作不是固體，它像是一種氣體，會自動膨脹，並填滿多餘的空間。

因此，時間管理專家並不鼓勵你，爲解決時間問題而延長工作時間。延長工作時間，不僅影響你的家庭和社會生活，它還會降低你工作的效率，因爲你把晚上當作了白天的延伸。如果一個計畫到下班時還沒寫完，也許你會聳聳肩對自己說：「我會在晚上把它寫完。」也許你寧願這樣做，也不願利用下班前的那十五分鐘趕完工作；或者你不願意匆忙行事，並將自己置於壓力之下；或者不願意將工作硬塞給別人。總之，不願意在上班時間內，解決尚未完成的工作。

當然，若是不管出現什麼困難，都要在規定的時間內完成你的任務，這樣也不好。因爲困難會造成壓力，還可能導致精神錯亂、胃潰瘍或心臟病突發。你只能把活動壓縮在這麼多的時間內，就比如氣體，雖然能被壓縮，但它受到的壓力越大，它對容器壁的壓力也就越大。

這就是緊張、精神崩潰甚至更糟的情況出現的原因。人們把越來越多的工作塞進同一個時間容器，從而使自己處於極度緊張的壓力之下，直到最後，壓力過大導致容器爆

炸。

你可能會說：「算了吧，我寧願延長工作時間也不願爆炸！」但延長工作時間，只會耽擱必須做的事。如果你有一個較大的時間容器，你就能在裡面塞入更多的活動，你也會這樣做，這是工作狂的本性。當爆炸最後來臨時，你也是唯一的受害者。

所以，延長工作時間不是辦法。你所做的事情決定你的效率，而且進一步說，甚至還關係著你的健康。

顯然，時間需要管理，它是一種比世界上任何資源都更稀缺的東西，因爲，一旦逝去了，你就再也找不回來了。前面我已經告訴你，你的百分之二十的工作，會帶給你百分之八十的成果，百分之二十和百分之八十這兩個數位可能不準確，但這個原則在實踐中肯定是適用的，相信它吧，它一定會帶給你許多啓示，成爲你成功地管理好自己的基礎。

照下面的做法，你就完全可以省去百分之八十的活動，而仍保留百分之八十的成果，那就是：

1. 將百分之五至百分之十的不必要活動排隊；
2. 委託他人做一些事。這將為你騰出百分之二十至百分之五十的時間。

然後，用這些「空出來的時間」，去完成特別重要的工作，如做計畫和考慮革新專案。你必須決定打算花多少時間來工作。然後，你必須排除某些次要活動或委派別人去做，並以特別重要的活動填補空出的時間。在這裡，「特別重要的活動」是指那些能帶來更多報酬、獲得重要成果、使你向個人和公司的目標邁進的活動。

3. 讓怒火見鬼去吧

史密斯在工作時經常會勃然大怒。身爲主管，他似乎有這樣的特權，可是下屬心裡並不痛快。史密斯向親近的人抱怨：我的工作壓力這麼大，什麼事都在那兒撐著，壓抑著自己，不讓我發洩一下，我的心理健康會受到損害，也許還會得病呢。

其實，史密斯只想到了問題的一個方面。許多管理者認爲，生氣時不把怨氣發洩出來，久而久之會造成心理壓抑，只有把心中的怒火釋放出來，才有益於健康。

刻意壓抑情感，甚至生氣時也強裝笑臉，確實是有害於健康的。實際上，許多專家也建議，生氣時最好不要壓抑，而是把它宣泄出來。

但是，怎樣才是表達感情的最好方法呢？提高嗓門、大聲斥責，這樣你就占了上風嗎？答案是否定的。發脾氣、失去控制只能讓你得到一時的心理滿足，好像你很英明，別人沒有頭腦。但事後很多人仍會像「爆發」之前那樣心煩意亂，有些人還會爲自己如此失去控制平添一分擔憂。因爲發洩怨氣會使自己的形象受損，朋友可能因此對你敬而遠之，下屬可能因此對你陽奉陰違，這一切是你想要的嗎？哦，不！這樣尷尬的處境，眞是打死我也不願意見到。

怒火只會讓你失去理智，想想看，一個總給別人帶來緊張和不愉快的人，是不是很容易被大家孤立呢？其實，你只要換個位置想想，當你有過錯時，你希望別人如何對待你呢？這麼一想，也許你就會很快地變得心平氣和。

你的地位越高，控制你的情緒就越重要。同事、主管、下屬和客戶每天都在考驗你。他們觀察、研究你的意向，往往把他們的意向同你的意向作比較。透過控制你的情緒，你不僅可以影響你的工作，而且還可以影響他們的工作。人們常常仿效他們的頂頭主管。但不要天眞地以爲，他們的行爲會同你的行爲一模一樣。正如同他們研究你一樣，你也要檢驗、觀察和研究他們。如果他們的態度不好，失去控制，一定不要讓他們影響你。

所謂控制你的態度，就是選擇一個適應當時情況的看法。比較完美的人並不總是情緒很好，但這並不意味著他們會隨便流露自己的壞情緒。成功的總裁接受這樣的事實：一個單位的人都是注視著主管的行爲來決定自己的言行，因此，在這方面，他們要對職工負責。

我要重申的是，所謂控制你的態度，並不一定意味著，你只能利用你的積極態度。這只是說，要麼選擇你的態度，要麼讓你的性格決定它。但是，如果你對如何處置某種具體情況拿不准的話，那麼，你選擇積極的態度，肯定是不會錯的。阿科公司的首席執行主管洛德瑞克．庫克對我說：「消極的、脾氣不好的人，是很難獲得成功的。」

在一個受到商界人士歡迎的飯店裡，我碰巧坐在三個談生意的人的旁邊。其中一個看樣子像是下屬人員，他當著客户的面，搶在主管之前做出了決定。那位主管沒有說任何反駁的話。客户走了幾分鐘以後，那個主管模樣的人對他的部下說：「你的做法是我不能接受的。下不爲例，這回我對你的行動沒有干預，下回可不行。」那個老闆控制了他的情緒。

我還知道一個控制感情的例子，它似乎有點不合常規，但是，洛杉機州法律基金會的總裁兼首席法律主管威廉．佩里卻是這麼做的。當他碰到惱人的局面時，他不是憑一時的衝動行事，而是想：耶穌會怎麼處理這件事？然後，他就明白了該如何處理這個問題。許多成功的人都記得基督教教義，但是沒有將它像佩里那樣體現在行動上。我請求佩里提供一個最近的例子。

他笑著說：「上周我在達拉斯出租汽車櫃檯發現他們丟了我的預訂單，結果我被困在飛機場走不了。我非常惱怒，眼看自己就要發脾氣了，於是我趕快走開。等我的心情恢復了平靜，我又回到櫃檯，按照我想像中耶穌的方式解決了這個問題。雖然我仍然沒有車，但我的情緒好一些了。」

這位總裁對待控制怒火的辦法，是緩和焦急不安的情緒，反覆地多考慮一下，而並非衝動行事。這並不複雜，然而，很少有人能夠一貫地做到這一點。

以下五點可以幫助你平息心中之怒，永遠保持平和的態度：

- 提醒自己控制心中的怒火。
- 選擇的態度要最適合當時的情況和所涉及的人。
- 要把和善的態度堅持下去，即使你不喜歡這樣做，或者別人讓你不要這樣做，你也得堅持下去。
- 只有當你有此必要和有此願望時，才改變態度。
- 透過你心身兩方面的行為，始終意識到並控制你的心理平衡。

4.永遠保持激情和熱忱

不知道你有沒有發現，員工們的情緒是隨著氣氛的主流而變化。或壓抑而悶悶不樂，或激動而開懷大笑，或委屈而牢騷滿腹，或受挫而怨天尤人。所以，人們常說：「你跟××在一起，永遠不會沈悶。」「只要××在場，狗熊也能變成老虎」……這很值得經理人重視。經理人只有永遠充滿激情和熱忱，才能使企業永遠昌盛。不僅如此，如果你細心觀察，你會發現激情還具有傳染性呢。

瑪麗．凱化妝品公司創辦人兼董事長瑪麗．凱女士說過：「我眞的相信，一個平凡卻可以激發熱忱的構想，遠勝於一個偉大但無法激發熱忱的概念。」一位優秀的經理人，要具備激發員工熱情的能力，他必須首先是一個滿腔熱忱的人。

什麼是熱忱？熱忱的希臘文可譯爲「神在其中」。

熱忱有數種表達方式，如面部表情、非語言性手勢、眨眼的暗示、會心的微笑、委婉的讚揚等。你是主管，你對部下所表示的任一動作的熱情，都會得到使對方感到你信任且關懷他的結果。

怎樣保持激情與熱忱呢？

首先，你必須儘量避開蠶食激情的陷阱。無聊的閒談是一個最大的陷阱，避開它，你的激情就可以輕鬆地釋放出來。

如果留心的話，你可以發現無聊交談者有如下明顯的特徵：

1. **突出自我**。不管什麼時候，只要他在場說東道西，聽聽吧，萬「講」不離其「我」。
2. **老生常談**。人所皆知的故事、老掉牙的笑話或格言，他總是念念不忘。
3. **態度消極**。常常怨天尤人，牢騷滿腹，大有「英雄無用武之地」之感慨，以此搏得同情。
4. **賣弄自己**。即使面對老朋友，也念念不忘自己那點光榮史，每每談起來總是津津樂道，沒完沒了。
5. **麻木不仁**。講話時從來不顧聽話者的面部表情。
6. **言不由衷**。
7. **嚴肅過度**。講話時不苟言笑，對一切都當眞，或者「拿著雞毛當令箭」，故弄玄虛。

8. **阿諛奉承**。說話媚氣十足，表現出矯揉造作的高興或虛有其表的友善。

9. **東拉西扯**。善於借題發揮或轉變話題，把毫不相干的事扯到一起說長道短。

10. **好論隱私**。善閒談者也有吸引對方的一技之長，便是好猜測他人的隱私，這隱私又多半是男女之事。

其次，你必須把你的熱忱和積極的態度與員工們分享，當你把自己的積極與他人分享時，往往會造就一種共生關係。接受的一方會感覺很好，而且你也會有相同的感覺。你還可以靠給予他人積極的態度來保持積極，試著去做吧。

沙倫邀請凱西與自己共進午餐，因為她需要振奮一下精神。凱西並不想去，但還是接受了，並表現得很高興。當午餐結束後，凱西不僅使沙倫的情緒有所好轉，自己也感覺很好。雙方都有所收穫。

人們認為林賽夫人是一位出色的教師，首要原因就是，她無私地與學生和同事分享自己的積極態度。反過來，學生和同事所給予的讚美、微笑和關注，又不斷地增強了林賽夫人的積極態度。

特倫特先生是一個優秀的經理，他還特別愛開玩笑。他每天都用幾個小玩笑來平衡

一下工作的壓力。工作人員分享著他的幽默，並以忘我工作、努力提高效率相回報，因爲他們欣賞這種令人愉快的工作氛圍。

每個人每天都會有幾次機會，把自己的積極態度給予他人。能使乘客心情舒暢的出租汽車司機，勢必會得到更多的小費；適當讚美同事的員工，能增加彼此溝通心聲的機會；在看見鄰居時採取積極的態度，可以消除彼此的衝突；度假者對遊伴們抱以友好的態度，可以增加自己的樂趣。處處都有機會，尤其是在給予者自身很艱難的時候，效果會更好。

下面是人們分享積極態度的不同辦法。有的適合你，有的則不然。挑出對你適合的，並且你打算在自己的行動中採納的三種方式，在其前面做出標記，這種練習將有助於你將積極的態度與員工們分享。

積極態度分享練習

＊特意拜訪態度上正出現問題的朋友。

＊在與自己有頻繁接觸的人相處時，我會更加積極。

＊只要打電話，就設法把自己的積極態度傳染給接電話者。

＊向關心我的人贈送賀卡、鮮花等象徵性物品，以使其分享自己的積極態度。

＊透過更多地開玩笑、講笑話或使用反面技巧，使別人分享自己的幽默感。

＊充當一個更敏感的傾聽者，使說話者恢復積極態度。

＊發出更多的笑聲，使自己的態度富於感染力，鼓舞他人士氣。

＊透過樂觀交談、讚美他人等方式來傳達我的積極態度。

＊以身作則，充當積極態度的典範，從而向他人傳播積極態度。

當你按所選的方法來實施時，請提醒自己：我把自己的積極態度給予他人的越多，我就會越積極。

5.學會運用「反面技巧」

有些經理人成功地運用「反面技巧」，來保持和增強樂觀的心態。當消極的事情進入他們的生活時，他們立刻把問題翻個面，尋找在另一面上存在的微小的幽默。當這樣做成功後，他們就能將自己的積極態度所受到的消極影響最小化。

當吉姆走進自己的公寓時，他簡直被擊垮了。一切都亂糟糟的，而且他很快發現丟了幾件價值不菲的物品。在弄清情況後，吉姆給瑪麗打電話：「我想我已找到了去墨西哥旅遊度假的辦法。我剛剛被搶劫了，幸好我辦了住宅保險，保險公司會賠償的。爲什麼不過來，一邊幫我收拾，一邊計畫一下怎樣旅行呢？」

當汽車修理廠的經理遞給麥琪修理費帳單時，麥琪吃了一驚，簡直忍不住要流下眼淚。當她拿出支票本時，聽見另一個顧客在說：「哎！這帳單！我猜我的車不再愛我了。不過，沒人說過這場戀愛會便宜。」麥琪向這位顧客做了自我介紹，這樣他們成了朋友。後來麥琪發現查德有一個奇妙的習慣：他會把壞消息「翻個面」，使自己能以更

輕鬆的心情來處理。麥琪認爲，這是一個值得她欣賞和模仿的優點。

任何形式的「反面技巧」都有助於抵制消極因素，使你保持輕鬆、平衡的人生觀，在下屬面前樹立良好的形象。

運用「反面技巧」是一種品質

它能使一個人想到事情輕鬆的方面，而處於同一環境中的其他人，則未必能看得到。有一種處世哲學認爲：「如果你對待生活太嚴肅，生活就會把你拖垮。大多數事情都不會帶來世界的末日，如果你學會嘲笑人類所處的困境，生活就會變得容易些。當情況太艱難時，『不妨裝裝小丑』。

在一場混亂中，Merio公司的總經理瑪麗發現自己選對了航線，卻上錯了飛機，飛錯了方向。這個錯誤會使她晚一天回家過耶誕節。一開始她感到不安，不過她的反面技巧拯救了她。由於她的積極態度，被航班的機組人員授予VIP待遇，並且當人們稱她爲「走錯路的瑪麗」時，她置之一笑。這場錯誤已成了一個最受歡迎的家庭故事。

克莉奧的反面技巧，使一次傷痛的經歷變得獲利多多。有一次，她在市區的辦公室裡工作直到深夜，結果被關在電梯間裡。她沒有整晚不停地咒罵和消極沮喪，而是坐下來，對這種無法忍受的局面一笑了之。在第二天清早被救出來之前，她甚至還睡了一覺。克莉奧回憶道：「由於我的幽默感和祈禱，我能夠忍受當時的局面。事後，我的公司總裁認爲，我是一個能應付困境的人。」

在你的工作和生活中，每天都會發生無數的小事情，你都可以運用「反面技巧」來加以改進。你如果不訓練自己這樣的思維方式，快樂就會與你擦肩而過。嘗試一下「反面技巧」，你會發現，你對員工的態度將會很快地調整。

「反面技巧」練習：

大多數問題都有相反或幽默的一面。請在下面列出你當前正在調整、適應的一兩個消極情況。可以是變換了工作、有了新老闆或是制定了不同工作計畫。也可以是財務上的問題，例如帳單過高或房租出乎意料地提高了。塡完後，在右邊列出你能從其反面找到的所有幽默之處。請記住，這一技巧易於運用，會有更多的人加以使用。

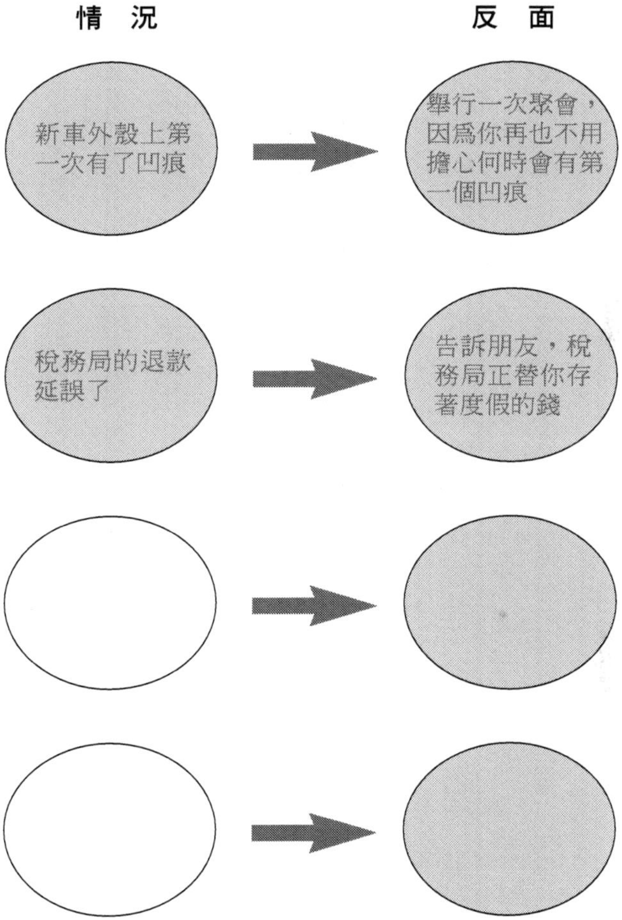
情　況
反　面
新車外殼上第一次有了凹痕
舉行一次聚會，因爲你再也不用擔心何時會有第一個凹痕
稅務局的退款延誤了
告訴朋友，稅務局正替你存著度假的錢

6. 培養你的幽默

幽默是一種很有用的平衡手段，它可以打破文化、級別等等界限。你講幾句幽默的話，就會跟別人變得很融洽。人們喜歡笑口常開的人，你使人大笑或者至少是微笑，人就會喜歡你，圍著你團團轉，而不去找別人。你有勇氣把氣氛搞得輕鬆愉快，就可以擊敗你的競爭對手，他們會自問：「那傢伙爲什麼那樣潑辣？」最重要的是，你保持著愉快的情緒（特別是當你自己沒有這個情緒的時候），你就爲你的同事、下屬、主管和朋友樹立了一個榜樣。雖然你不一定能使他們大笑，但至少會能使他們微笑。

德克薩斯天然氣公司總裁約翰．斯坦利，負責領導GHR能源公司，後者幾乎兩度破產。不久以後，他要把五億美元的債券，賣給加利福尼亞的一批投資者。在大庭廣眾面前，有人向他提出了一個令人尷尬的問題：「一個人在十年之內幾乎兩次走上破產法庭，人們爲什麼還要向這樣一個人投資呢？」斯坦利回答說：「做到這一點可不容易，我費了很大的勁呢！」

人們明白，他們可以、而且應當隨時隨地對任何人都來點打趣逗樂。自信的人可以嘲笑自己；膽小的人則不敢，除非是出於神經質。

說老實話，幽默應當成爲一種經常性的生活方式，光是偶爾逗逗趣是不夠的。如果你瞭解人的本性，瞭解他們的歡樂與悲哀，你一定會找到幽默的眞諦。

我的一位研究心理學的朋友告訴我，典型的兒童一天要笑四百次，而成年人一天只笑十五次。請考慮一下這個現象吧。

當事情可笑的時候，每個人都可以享受幽默或表達幽默。高級主管甚至在事情不那麼可笑的時候，也能表現出幽默。你既可以保持你基本的嚴肅性格，同時也可以很有幽默感；你既可以對後果、行爲和價值觀保持嚴肅的態度，同時又可以非常樂觀、開朗。

請想想吧，職業喜劇演員菲利斯·迪勒在她的日常工作中，必須爲每分鐘說十二句笑話而奮鬥；鮑勃·霍普每分鐘要說六個笑話。而你奮鬥的目標，只不過是每十五分鐘或三十分鐘說一個笑話。

幽默作爲生動有趣而意味深長的交際藝術，本來就是生活中不可缺少的重要部分。事實上，領導活動中借助恰到好處的幽默，往往可以收到妙趣橫生、優化氣氛、贏得人心的獨特功效。同樣的，將幽默恰當運用於批評藝術之中，根據對象的情況不同，恰當選擇批評的時機、地點、方式與方法，則可能收到奇妙的效果。

用虛的事例針對實的話題，藉機委婉而幽默地暗示上級或下級的錯誤，可以使其受到啓示而又不失面子。

美國總統羅斯福的性格樂觀開朗，說起話來談笑風生，在召開內閣會議時，常常是他一個人滔滔不絕地講，搞得大家沒有辦法發表自己的見解。對此，赫爾國務卿決定找機會給總統提個「意見」，別在開會時總自己說。

有一天，羅斯福總統參加內閣會議稍遲到了一會，他一路笑著走過來，對大家說：「對不起，我遲到了，剛才在家有人頂撞了我，他說我說話太多，他永遠沒有機會插一句嘴。」羅斯福一邊笑著，一邊將這件事告訴內閣成員們，然後轉過頭來對赫爾說：「國務卿先生，你同意這句話吧？」赫爾回答說：「唔，總統先生，今天我來開會之前，有幾位新聞記者來採訪我，他們對我說，有人認爲白宮的膳食很好，希望得到我的意見。我告訴他們：『我從來沒有吃過白宮的飯。』他們驚訝地喊道：『什麼？我們知道你經常在白宮吃午飯。』我說：『這話不錯，不過我在去白宮之前，總先吃過飯，這樣在總統吃飯時，我才好有機會說幾句話。』」赫爾說完這番話後以後，羅斯福總統和全體內閣成員都哈哈大笑。至此，羅斯福總統也開始注意留機會讓人講話了。

總統對這樣的批評不僅沒有生氣，而且感到很高興，所以也樂於接受這個意見，並努力改正了缺點。

任何一種優良的素質，如果走向極端，好事都會變成壞事。如果不分青紅皂白到處開玩笑，那會降低你的威信，使你堅強有力的主管作用受到影響。

銀行家和股東們不希望你圍繞自己的收入開玩笑，這倒是眞的。但銀行家和股東們也是人，他們希望把工作做好。而這只有在歡樂愉快的氣氛中才能做到。你可以在沒有歡樂的情況下完成工作，有時，這是不可避免的，但是，在大多數情況下，也還有另外的選擇，可以把歡歡喜喜的氣氛作爲主要的推動力。

我們都聽到過那種不恰當的、被人誤解的或者傷人感情的幽默，但是，你千萬不能因爲別人對幽默的運用不當，就不去很好地使用它。很顯然的，你在運用幽默時，應當作出很好的判斷。如果你頭腦中有個聲音提醒你：「別說那種話，它是不適當的」，那麼，你就不要以笑話的形式說出來。你可以考慮另外一種比較恰當的俏皮話，或者乾脆什麼也不說，如果你有勇氣保持幽默的習慣，這樣的機會有的是。

請記住，即使你在恰當的時候說了一句非常適宜的幽默話，打破了僵局，使別人和你自己都感到輕鬆，促進了彼此的溝通，你可能也得不到什麼積極的反應。不要指望一句幽默就會使人捧腹大笑、鼓掌和感謝你。大多數人聽到一句幽默話，會感到驚訝，不知道該作出什麼樣的反應；有些人由於他們自己缺乏自信心而不敢作出反應；更多的人聽到一句有趣的幽默話，目瞪口呆，不知所措，最多不過是笑一聲而已。

我喜歡幽默。我常常在嚴肅的時候來點輕鬆的東西。人們一會兒就會習慣了。它並不總是有效的，但在大多數情況下，效果不錯。

——亞歷克斯．曼德爾

通訊服務集團／美國電話電報公司首席執行主管

7.善於「裝模作樣」

居於領導地位的人，在不同程度上，都善於「裝模作樣」，即使他們口頭上不承認，但實際上卻是這麼做的。

比較成功的主管都承認在「裝模作樣」。巴爾食品公司的總裁蒂姆．戴伊說：「上面的人的確有點在『裝模作樣』。有時，給員工打氣。例如，每年有兩次，我要去每一個廠同每個人交談。我必須表現得充滿信心，即使我可能有疑問，也得裝出無所不知的樣子。這的確是在『裝』，因爲你明明知道有些人是言不由衷的，作爲總裁，你必須使你的一言一行具有權威性，引起他們的注意，使他們銘記不忘。」

實際的情況是，主管們的演戲是他們最高級的商業機密之一。

比安奇國際公司的首席執行長約翰．比安奇，和我談到了他訪問白宮時的情況：「當我走進布希總統的辦公室時，他假裝著很愉快地迎接我；我也必須裝出很高興到那裡去的樣子。」

有時候，主管們得儘量裝扮得盡善盡美。他們別無選擇，不能承認他們的日子不好

過，他們必須表現得永遠是胸有成竹的；甚至最有信心的登山者在碰到艱難險阻時，也必須表現得泰然自若、充滿信心。有時，他們必須表現得很冷靜，在很多情況下，都要裝模作樣。主管們必須在他們的競爭對手、顧客、職工、銀行家、董事會和新聞媒體面前，表現得胸有成竹、充滿信心，雖然他們的內心裡並不是這樣。

我敢保證，所有的總裁們都不大喜歡公司的社交活動、新聞界的採訪、股東大會、推銷活動，甚至經理層的活動。但是，爲了工作，他們卻不得不表現得喜歡這些活動。這可能意味著，他們必須裝出更多的笑容，與他們不願意會見的人握手，與他們不喜歡的人合作共事。這就是「裝模作樣」。

性情溫和的哥倫比亞公司創建人杜安．皮爾薩爾曾經對我說：「在董事會面前，有時也在職工前面，我裝出大發雷霆的樣子，然後又一下子轉變成幽默的自我譴責。人們說我這是故意演戲。但這往往是使人們汲取教訓的最好途徑。我強迫自己這樣做。它要花很大的精力，但這是必須的。」

有的時候，必須在員工中點一把「火」，使他們行動起來。主管可能必須演戲，以此來表現出他的憤怒情緒。

下面這些辦法可以幫助你更好地「裝模做樣」：

●如果你想使人家認為你是一個頭腦冷靜的商人，那麼，你應該使你的頭保持平衡，不要向左肩或者右肩傾斜。

●如果你想給人一個說話算數的印象，那麼，你說話時不要尖聲尖叫，像一個受驚的動物似的。你單獨一個開車時，可以高聲說話，以練習比較威嚴的嗓音。

●同人握手時，可以多握一會兒，以表示你的真誠。

●要有一個良好的站相，顯得你精力充沛、生氣勃勃，個頭也似乎高一點。

●坐的時候，胸背和雙臂要自然下垂，顯得輕鬆自在。

●你走進大人物的辦公室時要有目的性，而且要表現得十分鎮靜，就好像那個地方是屬於你的。你要顯得非常自信、落落大方和充滿信心。

●在他們的辦公室著手談正事的時候，要顯得很隨和，把你坐的椅子拉得靠近他們的寫字臺。

●如果你想作出一副發脾氣的樣子，你可以連續拍擊桌子。據說，通用汽車公司的總裁羅傑．史密斯就是這樣做的。

●向你星期一早晨碰到的夥伴深深鞠一躬。

●把你不喜歡的文章或報告，當著眾人的面，劃一根火柴燒掉。

• 當某人正在做你特別不滿意的事情時，你可以吹口哨。

對那些與你有點衝突的人，你不妨試用一下以上的方法。什麼事情都不可能一蹴而及，只有反覆地不斷採取新方法，才能奏效。

你和我實際上一直在「裝模作樣」，我們是無意識地這樣做的。例如，我們對待父母以及同他們交談，採取的是一種方式；而對待我們的老闆、大學的同學、牧師等等，採取的則是另一種方式。當我們處於困難局面的時候，我們必須學會有意識地來一點「裝模做樣」的做法。

一次，一位非常有名的全國性電視臺記者採訪我。當她問我一個問題的時候，她的眼睛看著我，攝影機對著她；當我回答問題的時候，我的眼睛看著她，鏡頭則對著我，而她這時則看著她膝上的筆記本；當鏡頭離開她，她的視線也離開我轉移到她的筆記本上時，她提出了第二個問題。我後來注意到，她對每一個採訪對象，都是如此做的。當鏡頭對著我的時候，我必須裝作好像我們在交談，而實際上我們並沒有交談。電視觀眾以爲我們在交談，其實並非這樣。

有所準備、願意做戲，有助於你在類似的情況下控制局面。

洛杉磯的斯帕戈斯餐廳的老闆沃爾夫岡．帕克，描寫了爲鮑爾州長承辦美國電影藝術科學院年獎宴會的情況：「我眞的感到不安，但我不能流露出來。參加宴會的三百五十人大概都會感到不安的，然而事情還會照樣做下去。」

有時候，主管們表現得充滿熱情，其實骨子裡並不是這樣；他們表現得很有把握，其實是心中無數的；心中高興時，外表卻顯得不愉快；外表顯得喜悅之際，也許正是怒火中燒之時。

請記住，做一個經理人，一半是本人的實際表現，另一半是裝樣子、做給人看的。

8.分清輕重緩急

一個公司無論如何簡單，管理如何有序，公司有待完成的工作，總是遠遠多於用現有的資源所能做的事情。因此，作爲主管的你，必須要分清輕重緩急，否則很可能一事無成。你對公司的瞭解，以及做出的決策分析，恰恰也就反映在這些輕重緩急的決定之中。

羅斯瑪麗．安德森是一家法律顧問公司的管理員。前一段時間，她一直盼望公司能花一筆錢購置一臺新型的自動打字設備，再加上電腦，就可以儲存打好的資料，供日後使用，而且能自動調整行距。只要在打錯的地方再打一次，錯誤就能自動更正，它還能在固定的字母上作記號。它還可以改正原稿上的錯誤，而且能根據需要自動編頁碼。

於是，羅斯瑪麗寫了很多報告交給公司負責人，詳細說明這種打字機效率是如何的高；祕書的工作將多麼的有條不紊，他們不必再爲改正錯誤、重打和紊亂的副本忙亂；好祕書是多麼的難請難留等等。

但她很是失望，因爲負責人的答覆是：「不行！預算不夠，業務方面沒人手。」她手下的人還是必須用已有的設備，處理紊亂的文件和其他事情。

然而，經過一番考慮，羅斯瑪麗決定不接受「不行」的答案。於是，她重新寫報告，用全新的角度向老闆彙報，她說：「你看，我們完全疏忽了這套新的文字處理設備眞正的生產力和潛在的利潤，實際上，它會比標價便宜一半。」

「想想我們會議室昨天下午發生的事：三名高價律師——二名代表甲方公司，一名代表官方——只能耐心地坐下來，等著閱讀有關雙方交易內容的打字文件。每達成一個新的協定，方案就得重寫一遍。有時，在工作十分緊張的情況下，這些打好的文件有不少的錯字和塗改的汙蹟。」

「但這才是我要說的主要觀點——如果我們擔心這項投資是否合算，而不計較那些律師正以每小時三百美元收取費用，那才叫不分輕重得失！」

羅斯瑪麗得到了她想要的機器。

同樣是要一臺機器，爲什麼前一次報告瑪麗小姐的要求被拒絕了，而後一次她得到了呢？原因就在於，她的主管對這臺機器所能實現的效用，前後有了不同的認識，她使她的主管認識到，提高效率而不是降低成本，才是最重要和最急迫的。

確定先做的事，對於任何人似乎都並不困難，使人犯難的是決定後做的事，也就是決定什麼不應該做。人們怎麼強調也不可能過頭的事，不可推遲，只能放棄。重拾先前不得不推遲的舊事——不管當時它看來是多麼可取，現在看來就是一個嚴重錯誤。這當然也是人們之所以如此不願意確定後做的事的原因所在。

機會和資源的最大化原則，是指導你確定輕重緩急的準則。除非少數幾個實屬第一流的資源，或被滿負荷地利用的爲數不多的機會，否則就不能說你的輕重緩急決策已經被眞正確定。尤其是那些眞正重大的機會，即那些可以實現潛能和可以創造未來的機會，即使以放棄眼前利益爲代價，也在所不惜。

但是，確定輕重緩急的眞正重要的原則是，這項工作必須是自覺的和有意識的進行的。寧可做出並執行一個錯誤的決定，也不要因爲痛苦、費力或令人不快而逃避這一工作，以致讓公司中的偶然事件，在沒有競爭對手的情況下，自行確定事情的輕重緩急。

確定事情輕重緩急的關鍵性決策，是可以有計畫地做出的，也可以是隨意爲之。它們既可在意識到其影響的情況下做出，也可作爲某種緊急事件之後的亡羊補牢。它們既可出自最高管理層，也可出自下層的某個員工，由於他的一個技術細節的處理，在事實上決定了公司的特性和方向。

雖然沒有任何公式能爲這些關鍵性的決策，提供「正確」的答案，但是，倘若它們是隨意之作，或是在對它們的重要性茫然不清的狀態下做出的，那麼，它們不可避免地是錯誤的答案。要想獲得正確的答案，這些關鍵性的決策就必須是有計畫地、系統地做出的。對此，公司的管理者責無旁貸。

輕者當緩，重者當急。關鍵決策的做法，由於和公司生死攸關，更是絲毫也不能忽視。

9.決策才能體現你的水準

身爲主管，制定計畫和發佈命令是我們每天都要面對的工作，也是責任的一個主要部分，只有我們把決策做對了，找到該走的方向，才能給部門和公司帶來效益。

決策有四大忌諱，身爲主管的你必須謹記在心，它們分別是：

・不要要求永遠都是對的

瑪利物公司的史密斯先生，做什麼事情都下不了決心，甚至像買一件衣服、一雙鞋這樣的小事，都拿不定主意；有的時候，就連晚飯該吃什麼也要猶豫再三，其原因說來說去，就是害怕有什麼不當的地方。其實，不可能有人會是永遠正確的！無論你犯了什麼錯誤，如果能做到及時更正，就不會使錯誤繼續發展下去，就不會造成不可挽回的損失。無論什麼時候，只要你發現自己的決定錯了，就要立刻下令停止，並加以修改，以減少不必要的損失。

當你拒絕承認自己的錯誤時，通常只會把事情弄得更糟。承認你錯了，並不等於承認你愚蠢。可是，當你明知自己錯了而又不想改變主意，頑固地堅持自己的錯誤時，這

就是愚蠢的表現了。

・不要匆忙做出決定

缺乏對情況的足夠瞭解，往往會做出錯誤的決定。當然，有時候你是可以得到你所需要的全部事實的，但你必須運用你以往的經驗、良好的判斷力和常識性知識，做出一個符合邏輯的決定。假如只爲圖省事而不去收集可供參考的各種事實，那就是不能讓人原諒的。

・不要害怕別人的議論

有很多人不敢大膽地說出自己的心裡話，這是因爲他們害怕別人可能有什麼想法，更怕遭到別人的議論。他們猶猶豫豫不敢宣佈他們的決定，主要原因是害怕別人批評。這就是說，他們需要得到別人的認可。

希望得到別人尊敬，是我們人類最基本、最自然的一種願望，但那也是有限度的。你要記住，你對別人可能想什麼或者說什麼，是不必負任何責任的，你只對你自己說什麼或做什麼負有責任。

・不要害怕承擔責任

對於有些主管來說，一個決定不是一個選擇，而是一堵堅硬的牆，它將使他們做任

何事情都會感到軟弱無力。這種恐懼是緊密地與害怕失敗相聯繫著的。多數的心理學家認爲，這是一個主管走向成功的最大障礙。

然而，如果你由於害怕承擔責任而不採取行動，你將一事無成。如果你發覺自己走上了錯誤的道路，不妨照前面說過的那樣，迷途知返，重新開始。除了死亡和納稅以外，幾乎沒有什麼事情是不可避免的。敢於承認錯誤，敢於把錯誤的決定改成正確的決定，是一個決策的能力和智慧的標誌，也是走向成功的一種象徵。

相反地，在做決策時，你必須：

1.對自己的任何行動都要充滿自信。做事不要拖拉，不要拐彎抹角，那樣只能使你白白浪費精力而無濟於事。

2.收集事實，下定決心，要以完全相信自己的心態發佈你的命令。

3.要重新檢查你做出的決定，以便確定它們是不是正確和及時。

4.分析別人做出的決定，如果你不能同意，你就要確認一下你不同意的理由是否充分。

5.要透過研究別人的行動，以及吸取他們成功經驗或失敗的教訓，來拓寬自己的視野。

6.要心情愉快地承擔起自己的全部責任。

7.去做你不敢做的事情，從而得到做那件事的能力。

10. 你具備成功領導者的素質嗎？

在閱讀這一部分之前，請你先針對以下問題做一下自我診斷：

- 你是否有豐富的業務知識。
- 你是否有事業心，是否有和友鄰協作以及進行領導和指揮的能力。
- 你是否能簡明扼要地發號施令，並信心十足地帶領大家把工作堅持到底。
- 你是否有做計畫的能力。
- 你對下級人員的工作評價是否公平。
- 你是否輕視那些工作水準低、但能認眞工作的人。
- 你的權限分配與規定是否恰當。
- 你是否曾經不進行周密的調查，就輕率判斷和處理事情的現象。
- 你對下級是否過於隨便。
- 你在工作中有無和下級競爭的情況。
- 你是否樂於接受下級的意見。

- 你是否有充分的時間，去計畫、準備、安排、調整和掌握工作。
- 你是否創造出下級願意和你談論個人私事的氣氛。
- 你與其他部門的聯繫是否順利、協調。
- 你的上、下級之間有無推諉責任的現象。
- 你能否從大局出發，判斷、處理問題。
- 你是否有喜歡聽奉承諂媚的言辭，而不願聽批評意見的現象。
- 你是否有憑自己的情緒在眾人面前訓斥下級的現象。
- 你是否擁有健康的體魄、旺盛的活動能力和團結人的魅力。
- 你能否經常探索解決工作難題的新方法，並熱心幫助他人。

美國全錄公司曾對公司高級主管作過一項調查，發現表現欠佳的高級主管，有如下的特徵。

- 追求個人地位的衝動者——有些主管有侵略性虐待他人、置他人於死地的傾向。
- 雖嚴厲卻無能者——這些主管常以嚴厲的批評與攻擊性格掩飾其無能。
- 行動主義式的執行人——他們僅是執行者，而非主管之才。
- 才不足當大任者——他們無法處理大機構的繁雜事物。

- 步步攀升上來者——因爲他們在低職位時做得不錯，但因能力有限，再也無法發展。
- 沒有主見者——他們不能建立一個凝聚團結的核心，對部下授權過多，導致公司目標與方向模糊。
- 不夠成熟的判斷者——他們易受情緒左右，有著性格缺陷或組織能力不足。
- 坐「直升飛機」上升者——由於快速提升，他們缺乏某種基本的業務知識。

相反地，一個優秀的領導者則具有以下幾項最基本的才幹：

1. **技術才幹**。你是否通曉並熟練掌握某種專業技術，特別是包括一系列方法、程式、工藝等在內的專門技術呢？這是最具體的才幹，是大多數人應具備的一種才幹，如果你是一個低層的管理者，那麼技術才幹就尤爲重要；如果你是較高層的管理者，那麼並不要求你熟練掌握太多技術。

2. **人事才幹**。你能否處理好人們之間的合作共事關係呢？有高度人事才幹的人，總是很注意自己對待別人和集體的態度、看法和信任情況，並瞭解自己這些感覺對工作是否有利；能容忍和自己不同的觀點、感情和信念，善於理解別人的言行，也善於向他人表達自己的意圖；他致力於創造民主的氣氛，使下級敢於率直陳言而不擔心受到報復。

這種人十分敏感，能判斷出一般人的需要和動機，能採取必要的措施而避免其不利影響。這種才幹必須實實在在地、始終如一地表現在自己的言行裡，成爲這個人的有機組成部分。

不同階層的主管，其人事才幹可以有不同的側重點：基層管理人員主要側重於，讓自己領導的人員協調一致地工作；中層管理人員則要求能承上啟下，聲息貫通；高級管理人員應當具有對人事關係的高度敏感性和洞察力。這種才幹也和技術才幹一樣，越是基層管理人員，就越應俱備這種才幹。人事才幹的培養，單靠學校教授是不行的，還必須在實踐中學習和體會。

3. **綜理全局的才幹**。這裡指把企業做爲一個整體來管理的才幹，包括瞭解組織中各種職能的相互關係，懂得一個組織成分的變化，將對其他各個部分造成兩種影響，進而能看清企業與行業、社會，乃至整個國家的政治、經濟力量之間的相互關係。這是成功決策的必要條件。

綜理全局的才幹，不僅極大地影響你的企業內部各部門之間的有效協作，而且還可能極大地影響企業未來的發展方向和特點。一個高級管理者的作風，常常對企業的全部活動產生重大影響。這種才幹是高層管理人員最重要的才幹，往往決定企業的命運。這一點我在後面的章節將會更加詳細地展開敘述。

從現在開始，學習這些技能吧，只要你願意，學習它們其實並不難，但是卻會使你受益匪淺。

11.謙虛一點，不要過分看重權力

有時候，可以善意地貶低自己，不對成就和權力過分重視，而是一笑了之。其實，這樣做的結果往往還會抬高自己呢。

對別人吹捧你的那些甜言蜜語，應以禮相待，但不要相信它們。作為首席執行主管，工作有成績，你得到的榮譽比別人多；工作出現差錯，你承擔的責任比別人多。

——哈爾·克勞斯

克萊斯特科姆國際公司首席執行主管

比較老練的主管，表現了很高的能力和才華，但他們對自己的評價則很謙虛。他們的言談舉止和衣著打扮，都很合宜得體。惠普公司的創建人之一比爾·休利特，就從來不奢侈浮華、大講排場，儘管他的經濟條件允許他這樣做。

威廉．摩根博士，現在已從科羅拉多州立大學校長的職位上退了下來。這所大學當初叫作農業和機械學院。當年他接受這個學院的院長職務時，一位校董對他講了以下一番語重心長的忠告：「這個學院很需要你。你是清清白白進這裡的。既然來了，就要馬上動手解決問題。即使是一個陌生人，也能發現問題。所以請你迅速發現問題，並全力以赴地去解決問題吧。但你要隨時往後面看看，如果大家沒有跟著你走，你就談不上領導他們。別忘記，你並不是一個不可取代的人。在你忘乎所以之前，你應坐在樹底下好好想一想，你的幸運是由於天時、地利、人和等因素促成的。如果這還不能使你保持謙虛的話，那麼，你應該知道，有一、二個人可以勝任你的工作，其中至少有一兩個人可以比你做得更好。放謙虛一點吧。」

對人謙虛，並不是要你靦腆，要你低估自己，或者讓別人低估你。在人前要謙虛，就是說不要自命不凡、妄自尊大、自我吹噓，更不能產生虛榮和自私的心理，甚至有一點點自我吹噓的苗頭，都會產生反作用。

我採訪過一個首席執行主管，那時他五十一歲。在不到二十年的時間內，他的公司由白手起家，發展到擁有十九億美元的資產，並在行業中占有高達40％的市場佔有

率。按常理，他可以算是一個非常成功的首席執行主管。然而在商界裡，一旦有不謙虛的表現，就永遠被人記住。例如，一家商業周刊在報導他時，提到五年以前的商業活動，說這位首席執行主管，「一度出現在電視的廣告中推銷產品，這是一個控制不住的商人」。

你應當用一種適宜的方式，使人家瞭解你的立場，從而取得成功。老闆必須知道你做了哪些工作，才取得了你的報酬。他忙於管理你的同伴和你，必須有人向他報告員工的工作情況。關於你的情況，他必須從你這裡瞭解，因爲其他的人不會告訴他。問題的關鍵是，你把成績歸功於你，但也必須對錯誤承擔責任。你可以直率地評價自己，你可以說，「我擅長……」，「我知道我對……有權利」，或者「我的態度是——」

自我吹噓過多，會使那些幫助你取得成績的人疏遠你。過分自我表現，會引起人家對你的討厭和鄙視。

如果你想讓自己更加完美，就必須控制那種不可遏制的、想過分表現自己的欲望。抑制這種欲望的一個好辦法是：提醒自己，自己的成績不要自己說，最好讓別人去說。那個不大謙虛的唐納德．川普也知道，在新聞媒體上拋頭露面，既可以把人捧上去，也可以把人打下來。

馬爾科姆．福布斯在他的《思想》一書中，援引格雷西安的話說：「不要天天表現自己，否則，你將拿不出使人感到驚訝的東西。必須經常把一些新鮮的東西保留起來。那些每天只拿出一點招數的人，使別人始終保持著期待。任何人都對他的能力摸不著底。」

維阿科姆公司的薩姆納．雷德斯通的一位朋友這樣描寫他：「他不習慣於自我吹噓，但他善於講些軼聞趣事，順便把名字帶出來。」

所謂人前謙虛，就是說不要傲慢自大，但同時也要承認自己的貢獻。如何做到這一點呢？談話之前好好思考一下。對情況和所涉及的人，要有分寸。自己要誠實。屬於自己的功勞，不必客氣，但要多與他人共享。

當然，所謂謙虛，並不是說要你站在後臺，縮成一朵枯萎的紫羅蘭花，羞怯怯的，不敢大聲說話，一副缺乏自尊自信的樣子。所謂謙虛，就是要堅持不懈地努力，過一種積極向上的生活。所謂謙虛，還意味著要有耐心；別人是會承認你的能力的，用不著你向人家誇耀，否則就會衝淡了別人承認你能幹時，使你感受到的那種興奮之情。

12. 一定要注意細節

如果你覺得地位越高的人，越沒有必要注意細節，那你就錯了，據比較成功的主管說，你的地位越高，注意細節就顯得尤其重要，不僅對你自己的事，而且對別人的事都要抓得很細才行。

比安奇國際公司的董事長約翰・比安奇博士，講了這麼一件事：「在創立自己的公司以前，我在加利福尼亞州的阿爾漢布拉，每天都開車路過布朗公司。起初，我以爲那是一所名牌大學。它給我留下了不可磨滅的印象。那典雅的建築物和漂亮的景色，令人歎爲觀止。我想，如果我自己有了公司，我將把布朗公司作爲我學習的榜樣。一些年以後，我的朋友戈爾丹・安德森當了這家公司的總裁，他邀請我到公司進行深入的參觀和考察。」

「布朗公司是由兩個德國人建立起來的，有嚴格的規章制度，穿什麼衣服、工作的數量和質量都有明確的規定。凡是可以衡量的東西，都嚴加管制，因此，士氣旺盛，生產效率極高。」

「晚上經理離開的時候，他們的桌上除了有電話機外，只有兩支鋼筆、三支鉛筆、十幾個紙夾子、一堆公司的文件。不能有任何其他雜物，不准亂扔亂東西。

「一位退休的海軍上將負責抓工作效率。他的任務，就是保證使董事會確定的標準得以貫徹執行，一抓到底，抓得很細。」

比較成功的主管，工作都是抓得十分仔細的。他們儘可能地注意到工作的各個方面。另一位經理給我講了他的經歷。他作爲一個年輕的工程師，受聘於他現在工作的公司。但他對那個公司的印象不佳，至少在初期是這樣。他說：「一位人事主管說服我到這家公司去面試。我被欣然雇用。但我是抱著試試看的心情去上班的。在面試前一天回家的路上，我決定開車路過那家公司去看看，只見公司院內雜草叢生，房子也都破舊不堪。我心想，我絕不去這樣的地方工作。我給該公司的人事主管打電話，要求取消我的面試。他告訴我，這家公司關閉了四年，但我工作用的設備是嶄新的，工廠隔著赫德遜河，與曼哈頓遙遙相望，景色滿不錯的。實際上，接受這家公司的工作，成爲我一生中最佳的職業選擇，可是，當初我根據所看到的一些細節，差一點就沒有去。」

比較成功的領導人都知道，注意細節可以節省時間，否則，就會沿著錯誤的道路走下去，浪費大量的時間。

注意細節，可以使你辦事趨於完美，從而獲得良好的信譽。湯姆．彼得斯在他的被多家報刊同時發表的專欄文章《論卓越》中寫道：「要從小處著眼，應當注意細節。」

他說，許多人丟掉職業的第二個原因是不注意細節。第一個原因是人際關係不好。注意細節對你的成功至關重要。如果你不注意，你就會失去工作。如果你忽略了，你就要輸掉。具體怎樣注意細節，要靠仔細觀察。在你參加某一單位的工作以前，應當對它有一個大概的瞭解。對人家重要的事情，對你也可能是同樣重要的。

不注意細節，往往會給你帶來麻煩。吉姆．魯普的一個老搭檔，由於有十萬美元的收入沒有上稅，遭到國稅局的審查。他並非刻意要逃稅，只是把支票放錯了地方。他的客戶給他發出了一〇九九份付款表格。吉姆由於在法律上與人有合夥人關係，也遇到麻煩，因此，吉姆不得不協助清理成堆的文件。

他檢查了合夥人辦公桌對面的一些椅子，那上面放著成堆的文件。為什麼這麼亂？合夥人解釋說：「我不喜歡人家來我辦公室坐下來閒聊，所以我的椅子上堆滿東西。」他們倆一起動手清理，結果發現了許多沒有打開的信封，其中夾著支票，一萬、二萬……，最後的總數恰好是十萬美元。

和吉姆的這位合夥人雜亂無章的習慣形成鮮明對比的，是約翰．比安奇的井然有序。讀者還記得吧，他是布朗公司的崇拜者。

他說：「我衣櫥裡的襯衫是按照顏色的深淺有序地掛著的。當我買回一雙新鞋的時候，我就把舊的一雙扔掉。例如，我有十雙鞋：兩雙靴子、兩雙網球鞋、兩雙休閒鞋、兩雙黑色皮鞋和兩雙棕色皮鞋。太多了，就顯得雜亂了。把細小的事情安排得有條不紊，使我的心境寧靜平和。」

主管的舉止就應當是這樣的。顯然，那些有志於做主管工作的人，就必須像他們那樣行動。

要達到比較完美的地步，就必須注意自己的作風以及它對別人的影響，並且要願意作必要的改進。你要敢於冒風險，如果你沒有這點精神，只圖安穩保險，你就不可能達到高位。幽默可以幫助你，從冒風險而造成的失誤中恢復過來。

做戲可以幫助你，形成人們在領導人身上看到的那種風度。注意抓小事，可以使你養成做大事所需要的那種嚴密周到的作風。

舉個例子吧，你如果去一家大公司應聘主管經理，你應當注意以下事項：

1. **注意停車場**。是否乾淨？員工進出是否方便？職工上哪裡停放車輛？停車場是否需要整修？周圍環境如何？有無安全措施？一輛汽車是一筆不小的投資，在通常情況下，大部分員工買車的錢還沒有付清。公司是否關心這方面的事情，這類細節可以說明很多問題。

我注意檢查員工們是如何對待公司的設備的。這些東西不屬於他們所有，因此，員工是否愛護它們，在很大程度上可以說明他們對公司的態度。你可以注意到，私人擁有的汽車，儀表肯定非常整潔。

——比爾．布朗特動力車公司總裁

2.注意入口處。那裡的門你每天喜歡通過嗎？我的朋友謝莉．蒙福爾，向我談到她去接受伯林頓．雷索爾塞斯的面試時的感受：「我穿過雙層玻璃門，走向正在下降的電梯，自言自語的說，這正是我想要工作的地方。」接待人員是眞正歡迎你，還是覺得你有點討厭？那裡爲什麼採取那樣的佈局？氣氛如何？

當然，我所謂的注意細節，並不是吹毛求疵，而是說對工作要抓得具體，對結局負完全責任，但不要沈溺於細微末節而看不到全局。

爭做第五類經理人

第五類	**第五類經理人** 將個人的謙遜品質和職業化的堅定意志相結合，建立持續的卓越業績。
第四類	**堅強有力的領導者** 全身心投入、執著地追求清晰可見、催人奮發的遠景，向更高業績標準努力
第三類	**富有實力的經理人** 組織人力和資源，高效地朝著既定目標前進。
第二類	**樂於奉獻的團隊經理** 為實現集體目標，貢獻個人才智，與團隊成員通力合作。
第一類	**能力突出的個人** 用自己的智慧、知識、技能和良好的工作作風，做出巨大的貢獻。

第二維　對上管理——管理你的主管
Part 2

邁克．漢德魯是美國洛杉磯家電公司的主管，不久前來了一位新任主管卡爾德，漢德魯發現與這位新主管的關係似乎很難處理，他於是諮詢了哈佛大學管理學院史密斯教授，史密斯教授告訴他：「與主管打交道，就如同對主管進行管理，是一門深邃、複雜的學問，你應該從細節、態度、工作能力等方面努力改善……。」聽了史密斯教授的話後，邁克．漢德魯開始注意自己的態度、細節等，主管交辦的任務每次他都和善、友好地回應，或十分認眞、按時地完成，同時在公司中，不論是下屬還是主管，都只看見他一副微笑可親的臉。此外，他還利用業餘時間，在公司旁邊的大學進行了自費業務培訓，業務水準有了顯著提高……。一天天過去了。突然有一天，邁克．漢德魯被叫到主管的辦公室，主管決定提升他爲公司的副總經理。

從這件事中，你是否已經明白，與主管之間的關係也需要管理。那麼如何對上管理呢？你不用去諮詢史密斯教授了，透過這件事總結點什麼吧！

對於很多人而言，當他們聽到「管理你的主管」這個詞語時，都會感到不可思議或者產生懷疑。因爲在傳統意義上，大多數組織都是著重強調如何管理與下屬之間的關係，所以大多數人都不明白，爲什麼需要去管理與主管之間的關係——當然，除非你這樣做是爲了個人原因或者其他因素。但是，我們這裡所指的「管理你的主管」，並不是指所謂的政治策略，或者假意地恭維自己的主管。我們在這裡使用這個詞語的意思是指，當你與你的主管一起工作時，你有意識地、盡最大可能地，使你和你的主管以及你的公司獲得最好的結果的過程。

1.管好主管，可以避免痛苦與傷害

最近南部一家研究所的研究表明，成功的經理人不僅將自己的時間和精力，花費在管理與他們的下屬之間的關係上，而且還將自己的時間和精力，花費在管理與他們的主管之間的關係上。這些研究還表明，這個基本的管理內容，往往爲那些不太具有管理天賦和不太具有進取心的經理人所忽視。的確，有一些經理人，儘管他們對自己的下屬、產品、市場以及技術，進行積極有效的監管，但是他們對自己的老闆，卻往往採取一種消極、被動的態度。這種態度，幾乎無一倖免地，給他們自己以及他們的公司帶來了傷害。

如果你懷疑管理你與你主管之間的關係的重要性，或者你認爲有效地管理你的主管，並不是一件困難的事情，你可以對下面這個痛苦而又眞實的故事進行一番思考。

弗蘭特是一個公認的製造業天才，無論從什麼盈利標準來看，他都是一個非常有效率的領導人。他所在的公司，是整個行業中規模第二大、盈利最多的公司。一九八四

年，他的個人能力將他推到了公司副總裁（主管製造業）的位置。然而，弗蘭特卻不是人們認爲的好經理。他自己很清楚這一點，而且他所在的公司以及他所在的行業的其他人，也都非常清楚地知道這一點。公司總裁也認識到了他的這個弱點，但是他信任公司員工，因爲這些人普遍反映弗蘭特善於與人們在一起工作，而且他確信這將可以彌補他個人能力的局限性。剛開始，弗蘭特的管理工作進展得非常順利。

在一九八六年，菲利浦被提升爲弗蘭特的直接下屬。公司的總裁之所以挑選他爲弗蘭特的直接下屬，是因爲他有一個很好的工作經歷，而且擁有一個善於與人相處的好名聲。但是，在作出這個決定時，公司總裁忽視了一個非常重要的問題：菲利浦之所以能夠在組織中得到快速提升，是因爲他總能夠有一個好的甚至非常優秀的主管。因此在這之前，他從來都不需要去管理與一個麻煩的主管之間的關係。菲利浦在回憶自己的工作經歷時，非常坦率地承認，他從來就沒有考慮到管理他的主管是他的工作的一部分。

在菲利浦爲弗蘭特工作了十四個月之後，菲利浦被解雇了。而且在同一季度，公司報告出現了七年以來的首次淨虧損。與這件事情密切相關的一些人都說，他們實在不理解所發生的一切。但是，人所共知的是：當公司開始生產一種非常重要的新產品（這個生產過程要求有關產品銷售、工作流程以及產品製造的決策都必須與之相協調）時，菲利浦與弗蘭特之間產生了一系列的誤解，並且他們之間的感情非常糟糕。

例如，當菲利浦決定使用一種新型機器，來生產這種新產品時，菲利浦宣稱弗蘭特是知道並且接受這件事的，但是弗蘭特卻堅持說他並不知道這件事。與此同時，弗蘭特則宣稱，他已經非常清楚地向菲利浦說明了讓他詳細介紹產品的重要性，因爲從短期來看，公司生產這種新產品，將會承擔非常大的風險。

他們相互之間的誤解，導致公司計畫出了問題：一個新的生產工廠已經建了起來，卻不能生產由工程師設計出來的新產品，而這些本來應該生產出來的產品，已經列入了公司的銷售計畫，並且，公司的董事會也已經同意了生產這些產品的預算開支。因爲這個錯誤，弗蘭特在不斷責備菲利浦，而菲利浦則又反過來責備弗蘭特。

當然，有人可能會認爲，這裡所產生的問題，是由於弗蘭特未能管理好自己的下屬所導致的。但是，也有人認爲這個問題之所以產生，是與菲利浦未能管理好自己的主管密不可分的。需要記住的是：弗蘭特與其他的下屬相處並未出現困難。而且菲利浦個人已經爲這個問題付出了代價（被解雇，並且他的名聲在整個行業之中已經被嚴重敗壞）。

因此，如果說這個問題是由於弗蘭特不善於管理自己的下屬所導致的，就不具有說服力了。每個人都已經認識到了這一點。

我們相信，如果菲利浦能夠比較善於理解弗蘭特，並且能夠管理好與他之間的關係，結果所出現的情形就會大不相同了。在這個事例中我們可以看出，不能管理好與主管之間的關係，將會付出巨大的代價。這個公司損失了近五百萬美元，而且菲利浦的職業生涯也已經被毀掉了（至少暫時是這樣的）。在所有的大型公司中，類似於這個事例的情況可能正在不斷地發生，儘管它們所導致的損失會小一些，但是它們的累積效應可能是具有毀滅性的。

2. 瞭解主管的人才能被提升

如果把在公司中工作比作登山的話，你應該如何做才能登上公司之山的頂峰呢？

在你的職業生涯中，你可以當上公司的首席執行主管或者是總經理。這並不是高不可攀的山峰，並不是那些出身於名門、畢業於名牌學府、結交名流的幸運兒的特權。要成爲明天的高級主管，全靠自己的本事。能否取得這樣的地位，那就要看你是不是掌握了在高層運籌帷幄、施加影響，和實行領導所必須具備的素質，並運用自如。對精選出來肩負重任的人來說，並沒有什麼祕而不宣的「訣竅」。如果你決心成爲其中的一員，你便是這樣的精英。

在公司內部級級上升，類似於登山，所以我和我的同事喜歡在書中用登山作比喻，來說明要學會像主管那樣思考問題，爬上事業的頂峰。正如同爬山一樣，登上公司的峰巔也要歷經艱險、排除萬難才行。

攀登險峰，第一步必須有一個牢固的立足點。必須學會借助繩索以克服障礙、穩步前進，並取得領先地位。具備必要的素質，才能有一個堅實的基礎，作爲開創事業的重

要基點。準確地知道你應當怎樣做，才能渡過重重難關、脫穎而出。

要打下你所需要的堅實基礎，就必須向那些已經登上似乎高不可攀的峰巔的高級主管、經理、老闆等人學習。

一個聰明的辦法，就是了解一下那些有經驗的攀登者的親身經歷。你可能驚奇地發現，你己經萬事俱備。現在你需要做的，只是向山峰走去，決定從哪裡攀登，以及攀登多高。

爲了瞭解有經驗的登山者的親身經歷，我去採訪了已經登上「山巔」的人們，即靠自己的努力爬上峰巔的總裁們。我選擇了一些最佳登山者的事例，展示他們的經驗，以便你可以看到哪些素質是必須具備的，從而學習並掌握它們。

也許你並不想成爲公司的總裁，但你仍然希望當上總會計師、銷售部主任、行政主管、電腦管理資訊系統負責人、總經理、部門經理、主編，或者你所在企業的領導。只要你具備適當的素質，你肯定可以做到這一點。

本部分旨在使你對主管必備的素質，有一個較深的瞭解，並告訴你如何才能掌握這些素質。本部分貫穿著對眞實的執行主管們的採訪和他們的見解。他們經過多年的努力，成功地登上巔峰，因而他們最有資格告訴你：從堅實的基礎出發，腳踏實地可以取

得怎樣大的成就。

請記住這一點：也許你現在的目標並不是登上巔峰，而只是避免摔下來。這也不錯嘛。爲了保住你的工作或有所提升，你仍然需要瞭解你的主管、你的老闆對你有些什麼期望。

當你學會使用登山繩索時，你可能明白，登上下一個岩壁並不很艱難。你也許會興高采烈地踏上這條既富於挑戰性、又充滿樂趣的攀登巔峰的征途。即使你只想在現在的職位上做好工作並受到獎勵，本書也是值得一讀的。

不僅僅是如此，如果你懂得主管們是如何掌握全局的，你就可以做到：

- 避免被主管解雇。
- 更快地被提升到重要職位。
- 得到你所希望得到的、也應該得到的高品味的職業。
- 如果你決心有朝一日自己也當上老闆、當上主管，那麼你將具備必要的素質。

為你的主管工作，很重要的一點是，你要摸透他的心事；你必須弄清楚他在近期和遠期的工作重點是什麼；你要知道他的長處和短處是什麼。

瞭解主管的思路，除了可以使你避免被解雇、甚至還可以得到提拔外，另一個主要的好處是，可以撈到經濟上的實惠。你希望你的公司成為一個有價值的、賺錢的經濟實體，這樣，你才能賺到錢。你必須瞭解，懂得他是如何想方設法，使公司獲得更多盈利的；你要跟他談話，問一些問題；你要對他的心事摸得很透；你還需要偶爾推動他，如果你以為他會推動你，這樣的想法是不合理的，……你的地位越高，這一點就越加重要。

——傑瑞．亨利

杜邦公司高級副總裁兼財務主管

簡單地說來，使主管滿意的員工是不會被解雇的。然而許多人未能做到這一點，因爲他們不清楚主管需要什麼。如果你忽略了工作需要和主管的要求，如果你認爲他的要求是愚蠢的，如果你認爲「那不是我的工作」，那樣你很可能會被解雇。

所謂瞭解主管，其實很簡單，就是問他和他周圍的人，他重視什麼。例如，你可能得知，他喜歡在「各項任務」上附加具體的「日期」。因此，在安排工作日程時，要說明具體時間。告訴他什麼工作已經完成，是什麼時候完成的。下一步工作是什麼內容，安排在什麼時候。如此等等。這是基本的東西。

瞭解主管，對事業的成功至關重要。當我在工作中碰釘子的時候，往往是因為我不瞭解主管對我有什麼期望，我只是坐在那裡等待主管的吩咐。現在，我比較明白了。我會問，對你來說，什麼是重要的？為了完成我的工作，最主要的是什麼？由於瞭解主管，我有了信心，明確了自己的任務。

——塔米·蒂爾尼

《堪薩斯城商業日報》主編

3.瞭解自己是「管理」主管的前提

主管僅僅是你工作關係的一半，你是這個工作關係的另一半，而且對於這一半，你可以進行直接的控制。一般來說，如果你想發展一個有效的工作關係，你就必須清楚你自己的需要、優勢、弱點以及個人風格。

你不可能改變你自己的基本人格結構，也不可能改變你主管的基本人格結構。但是，你可以去努力地知道，在你的人格結構中，是哪些因素在阻礙著或者促進著你與你主管之間的工作關係，而且，透過這些認知，你就可以採取具體的行動，以便使得自己與主管之間的關係更爲融洽。

有一個經理和他的主管，無論在什麼時候，只要他們的意見不一致，就會陷入麻煩之中。當他們之間的意見不一致時，這個主管的典型反應，就是不斷強化自己的觀點，並且過分地誇大這種觀點的重要性；而這個經理的反應則是，不斷增加自己的賭注，並且加強自己辯論的力度。在這種情況下，這個經理會逐漸變得非常生氣，而且他透過發現主管的觀點中所出現的邏輯謬誤，來對他的主管進行堅決的反擊。與此同時，他的主管也會變得非常無情，而且非常頑強地堅持自己初始的觀點。可以預見的是，這個不斷升級的惡性循環，將會導致公司的員工們，儘量地避免那些可能會使他們發生衝突的任何話題，而且無論在什麼時候都是這樣。

在與他的同事討論這個問題時，該經理發現他對主管的反應是非常典型的，與其他人的反應又有所不同。他的回答可以駁倒他的同事的回答，可是卻不能壓倒他的主管的氣勢。因爲當他嘗試著與他的主管討論這個問題時，結果仍是不成功的，所以他據此推測出，改變目前狀況的唯一辦法，就是去改變自己的本能反應。只要他與他的主管因爲爭論而陷入僵局，他就會檢查自己的耐心，並且暗示自己，他們之間能夠打破僵局，並且能夠重新思考這個問題。通常，當他們重新開始他們的討論時，他們往往可以消化相互之間存在的差異，並且能夠更有建設性地思考以前存在的問題。

進行這樣的自我暗示，並且將其付諸實施，是很困難的一件事情，但這並不是不可能的。例如，透過自己過去已有的經驗，一個年輕的經理認識到他不喜歡這些問題，並且認識到他對這些人的本能反應很少是友好的，所以當這種問題發生時，他就習慣於與他的主管進行聯繫。他與他的主管之間的討論通常流於形式，所討論的一些想法，往往都是這個經理沒有考慮過的。但是在很多的情況下，他還是能夠明確他的主管所提供的那些具體幫助。

雖然主管與下屬之間的關係，是一種相互依存的關係，但是一般來說，下屬更依賴於自己的主管，而不是主管更依賴於自己的下屬。這種關係不可避免地導致了下屬在某種程度上會產生挫折感，甚至有時會很生氣，尤其是當他的行動或者選擇，受到他主管的決策的限制時。這通常是人們正常生活的一部分，即使在下屬與主管之間的關係，達到一種最好的狀態時，也會產生這種問題。一般來說，一個經理最終採取什麼方式來處理這些挫折，在很大程度上，取決於他對權威人物的依賴程度。

一些人在這些環境下的本能反應，就是去怨恨主管的權威，並且對主管的決策產生逆反心理。有時候，這很可能會使衝突不斷升級。這種將主管看做是某種制度的敵人的經理，通常沒有意識到的是，他們與主管所進行的對抗，僅僅是爲了對抗而對抗。下屬對自己所受到的限制的反應，通常是非常強烈的，而且有時候還會表現得非常衝動。這些下屬由於自己在特定環境中所處的角色，決定了他們（或她們）會將主管看做是阻礙進步的人，或者是應該設法躲避的和最好應該忍受的障礙。

雖然那些有著反依賴行爲的人，對於大多數的主管來說是難於管理的，而且這種人往往有過被他的主管壓制的經歷，但是那些有著反依賴行爲的經理，在與他們的主管（傾向於以一種直接的方式行使自己的權威）相處時，通常更可能會產生一些痲煩。當經理表現出他（或她）的負面感受時（經常是以一種微妙的或非口頭的方式），也就意味著此時他的主管變成了他的敵人。一旦主管感覺到他的下屬對他懷有潛在敵意時，這個主管就會對他的下屬失去信任，而且他（或她）的判斷和行爲，也就會逐漸變得不向他的下屬公開了。

相反的，有著這種偏好的經理，通常會被他的下屬認爲是一個好經理。這個經理往往會違背自己的主管去支援自己的下屬，並且會毫不猶豫地，爲了自己的下屬而與自己的主管進行鬥爭。

另一個極端是，當主管做了被經理們認爲非常糟糕的決策時，經理們卻忍氣吞聲，並且在行爲上表現得非常順從。這些經理通常都是贊同自己的主管的，即使當他們的主管允許他們表現自己的不同見解的時候，或者當他們爲主管提供了足夠資訊，使主管改變了自己的決策的時候，他們也一樣不會去反駁主管。由於他們不能忍受與自己主管之間關係的不協調，所以，他們的反應也像那些有著反依賴行爲的經理一樣，表現得有些

過度。

與那些將自己的主管看做是敵人的經理相反，這些人否定自己的氣憤，這實際上是走向了另一個極端，而且他們都傾向於將自己的主管看做是最好的，並且認爲主管好像是自己全能的父母，他們應該對自己的職業生涯負責，應該知道以什麼樣的方式來培養自己、能夠保護自己，以免受到那些野心勃勃的同事的傷害。

無論是反依賴行爲還是過於依賴的行爲，都會導致經理們對自己的主管懷有不切實際的看法。這兩種看法，實際上都忽視了這樣的一個事實，即大多數的主管也像其他人一樣，都是不完美的和易犯錯誤的。他們沒有無限的時間、無窮的知識和超人的感知能力，而且他們也不是惡毒的敵人。他們有自己的壓力，並且他們有時也會非常關心下屬的願望（這通常需要有很好的理由）。

一方面，如果你相信自己在一定程度上存在反依賴傾向，那麼你就能夠理解甚至預測你的反應，以及過度反應可能是什麼；另一方面，如果你相信自己在一定程度上，存在過於依賴的傾向，那麼你就會知道你的過度順從，以及不能面對眞實的差異，將會在多大程度上，使得你和你的主管缺乏效率。

要眞眞正正地瞭解自己，不能過高或過低地估計自己在主管面前的作用！

我們通常並不討論像前文所分析的，發生在弗蘭克身上的故事，因爲它們僅僅是有關個人衝突的事例。當兩個人可能因爲性格或脾氣上的不協調，以至於難以在一起工作時，前面的事例就是一個非常恰當的描述。但是，我們發現，通常在更多的情況下，個人衝突僅僅是問題產生的部分原因——有時甚至是一個非常微不足道的原因。

菲利浦不僅與弗蘭克有著不同的個性，而且他還對主管和下屬之間關係的本質，有著非常不現實的理解和期望。尤其是，他沒有認識到他與弗蘭克之間的關係是相互依存的，因爲他們兩個人都不是十全十美的，都是容易犯錯誤的人。如果未能認識到這一點，一個經理人通常就不會努力地去管理他（或她）與主管之間的關係，或者不能有效地管理他（或她）與主管之間的關係。

一些人的行爲讓人看起來，好像他們的主管並不需要依靠他們。他們往往沒有認識到，他們的主管是多麼需要他們的幫助和合作，以便能夠更有效地完成他們的工作。這些人都拒絕承認他們的行爲，可能會嚴重傷害他們的主管，而且他們也並不認爲，他們的主管非常需要他們的合作、誠實以及可信賴感。

一些人認爲，自己並不需要依賴自己的主管。他們實際上掩飾了他們從主管那兒獲得相應的訊息和幫助，以便能夠完成自己的工作的需要。當一個經理的工作和決策會影響到組織中的其他人時，這種膚淺的觀念是非常有害的，有關菲利浦的案例，就是一個非常好的證明。對於一個經理而言，他最直接的主管，可能是一個至關重要的角色，具體包括：幫助他與組織中的其他人建立聯繫，明確他的優先權是與組織的需要相一致的，以及確保他在完成工作任務時所需要的資源。然而，也有一些經理認爲，自己是屬於自我滿足的那種人，因此不需要主管可能爲自己提供那些重要的資訊和資源。

很多經理人都像菲利浦一樣，認爲自己的主管能夠魔術般地知道，他們的下屬需要什麼資訊和幫助，並且能夠及時地提供給他們。當然，有一些主管非常優秀，他們能夠以這種方式來關心自己的下屬，但是，如果一個經理期待所有的主管都能夠這樣做，其結果就會是非常危險的，而且也是不現實的。對於一個經理應該擁有的更爲合理的期望值，應該是他將會從他的主管那裡獲得適度的幫助。畢竟，主管也是人。大多數眞正有效率的經理人都接受這個事實，並且認爲他們自己應該對自己的職業及其發展承擔責任。他們在進行一項具體的工作時，都主動地尋求他們所需要的資訊和幫助，而不是等待著他們的主管提供給他們這些所需要的幫助。

透過前面的分析，我們可以看出，要想對一個相互依存（由於人類都是易犯錯誤的，所以需要結成相互依存的關係）的狀況進行管理，就必須具備如下條件：

第一，你必須對你自己和其他人有一個很好的瞭解，尤其是要對你和他人的每個人的優勢、弱點、工作風格以及需求，有一個很好的瞭解。

第二，你必須利用這些資訊，去發展和管理一個健康的工作關係。這種健康的工作關係具體內容包括：能夠與人們的工作風格以及個人技能相適應；是大家的共同期望；能夠滿足其他人那些最爲關鍵的需要。將這些方面結合到一起，基本上就是我們所發現的、那些高效率的經理人所做的。

4.花點心思研究你的主管

那些能夠與自己的主管有效地共事的經理們，會不斷地搜尋有關主管的目標、問題和壓力的訊息。他們會儘可能地尋找機會，向主管以及老闆周圍的人諮詢有關問題，以便檢測他們對有關問題的假設。他們會非常關注有關主管行爲的線索，雖然他們是不一定要做這些的，尤其是當他們開始與一個新主管共事時，但是一個成功的經理不僅要做，而且還要不間斷地做好這些，因爲他們意識到，主管所關心的問題以及優先考慮的問題是不斷變化的。

能夠正確地認識主管的工作風格，也是非常重要的，尤其是當你面對一個新的主管時。例如，一個組織性比較強且非常正統的新總裁，代替了以前那個非正統的且非常感性的總裁。當這個新總裁撰寫公司報告時，他一定要寫得最好。而且他還偏好於採用正式的會議形式，來確定公司的計畫和安排。

一個部門經理意識到，當他與新總裁一起工作時，他必須去弄明白總裁所需要的資訊和報告的種類及頻率。這個經理還發現，在開始會議討論之前，他必須將有關的背景資訊和主要工作安排，發送給這位新總裁。這個經理發現在開會之前所做的這種準備工作是非常有用的。另一個非常有趣的結果是，他發現他的新主管所做的這些充分的準備工作，在解決具體問題時是非常有效的，而且比前任總裁採取腦力激盪法解決問題更爲有效。

相反的，另一個部門經理就從來都沒有能夠充分的理解，這個新主管的工作風格與他的前任有何不同。從一定意義上來說，這個部門經理對這個新主管的工作風格，也有一定的體會，但是他所感受的，是他受到了太多的控制。結果，他很少向這個新總裁發送他所需要的背景資訊，而且這個總裁也從未感覺到，這個部門經理爲會議作好了充分的準備。於是，當這個總裁需要獲得那些他認爲他應該更早地得到的一些資訊時，他就必須花費大量的時間。因此，這個總裁在開會中涉及到該部門相關問題時，就會有一種挫折感，並且認爲這種會議是無效率的，同時，公司的員工們也會發現，公司總裁並未回答自己所提出的問題。最後，這個部門經理被辭退了。

剛才所闡述的這兩個部門經理之間的不同，並不是他們之間的能力（或者說是適應能力）差別有多大，而是其中的一個部門經理比另一個部門經理，更能夠感知他主管的工作風格，以及有關他主管需要的一些資訊。

要想管理好你的主管，你就必須對你的主管以及他（或她）的環境有一個很好的理解，就像理解自己以及自己的處境一樣。所有的經理人都在努力地做好這些，並且達到了一定的程度，但是有很多經理人還是做得非常不夠。

最低限度上，你必須能夠正確地判斷你的主管所面對的目標和壓力；他（或她）的優勢和弱點；你的主管的組織目標、個人目標以及他（或她）的壓力是什麼；尤其是你的主管與其他處於同一水準上的老闆，在目標和壓力上的區別是什麼；你的主管所偏好的工作風格是什麼；你的老闆是想努力地在衝突中取得勝利，還是想努力地使衝突儘可能地最小化。

如果沒有這些資訊，一個經理在處理與自己的老闆之間的關係時，就會像一個瞎子，而且會不可避免地產生一些不必要的衝突和問題。

一個有著卓越的業績記錄的高級市場經理，被聘爲一個公司的副總裁，他將對公司的市場和銷售問題直接負責。這個公司正在面臨著財務困難，近來已經被一個更大的公司收購。公司總裁希望能夠改變公司的財務狀況，並且給這個新任的分公司市場營銷的副總裁以充分的自由——至少在剛開始時是這樣。基於以前的經驗，這個新公司的副總裁對公司的財務狀況作出了正確的判斷，他認爲公司需要有一個更大的市場佔有率，而且需要對公司的產品進行強有力的管理。以此爲依據，他就產品的定價作出了一些非常重要的決策，這些決策的主要目標就是不斷增加公司的業務量。

然而，公司的邊際效益持續下降，並且財務狀況也沒有得到改善，此時，公司總裁開始不斷地向這位新的副總裁施加壓力。但是，這位新的副總裁相信，隨著公司市場佔有率的擴大，公司的財務狀況最終會得到改善，因此他對公司總裁施加的壓力置若罔聞。

到了第二個季度的末期，當公司的邊際效益和財務狀況還是未能得到改善時，公司總裁開始直接控制所有的定價決策，並且將所有決策的目標，都放到了提高產品的邊際效益，而不是提高公司的業務量上。此時，這位新的副總裁發現，自己實際上已經被公司總裁從決策圈中排除出去了，同時他們之間的關係已經變得非常糟糕。事實上，這位新的副總裁發現公司總裁的行爲很古怪。不幸的是，公司總載的新定價決策也未能增加公司邊際效益。到了第四個季度的末期時，公司的總載和副總裁都被解雇了。

可惜的是，這兩位主管直到很晚的時候才知道，改善公司市場營銷狀況，只是公司的總目標之一。實際上，公司最直接的目標是儘快地獲得更大的利潤。

5.建立適當的工作關係

在對你的主管和你自己有了一個深入的理解之後，你就可以在你與你的主管之間，建立一種適當的工作關係。這裡所謂的「適當的工作關係」，實際上是以雙方明確的共同期望為特徵的，它將有助於你獲得更高的生產力和效率。下面的引例「有關管理你的主管的具體內容」，概括了你與你主管之間關係的一些組成要素，我們將介紹其中的一部分。

標準管理你與主管工作關係的具體專案

1.你確信你理解了你的主管以及他（或她）所處的環境，具體包括：
- 目標和對象
- 壓力
- 優點、弱點和盲點
- 偏好的工作風格

2.評估你自己和他的需要，具體包括：

- 優點和弱點
- 個人風格
- 對權威人物的依賴程度

3. 發展和維護一個什麼樣的關係：

- 適合於你的需要和你的個人風格
- 以共同的期望爲特徵
- 及時向你的主管彙報
- 以信賴和誠實爲基礎
- 有選擇地使用你主管的時間和資源

適當的工作風格　除了以上所要求的之外，要想與主管建立起一種很好的工作關係，就必須不斷調整自己與主管在工作風格上的差異。例如，在我們的研究中有這樣一件事情：

一個經理（他與他的主管有著相對較好的工作關係）發現他的主管在與他會談期間，經常會變得精神不集中，有時甚至會變得有些煩躁。這個經理自己的工作風格，實際上是傾向於散漫的，同時又有些尋根問底的作風，他往往會遠離目前的主題，去尋求那些背景要素、可選擇方案等。而他的主管則偏好於在最少的背景材料下討論問題。因此，當這個經理遠離目前所要討論的問題時，他的主管就會變得極不耐煩，甚至暴跳如雷。

在認識到這種工作風格上的差異之後，這個經理在與他的主管會談時，就會變得語言簡練和更爲直接了。爲了幫助自己做到這些，在會談之前，他就將會談的主要內容提煉出來，並且將它作爲自己在會談時的指導性材料。當他感到自己必須遠離目前談論的主題時，他就解釋這是爲什麼。他個人工作風格這一小小的變化，使這些會談變得更有效率了，並且也使這個經理和他的主管之間的關係更少產生磨擦了。

一般來說，下屬可能會根據他們主管所偏好的方法，來調整自己的風格。我將老闆分爲「傾聽者」和「閱讀者」兩種。一些主管喜歡以報告的形式獲得資訊，因此他們就會閱讀和研究這些資訊。另一些主管則更喜歡與那些提供報告和資訊的人在一起工作，因此他會向這些人詢問一些問題。正如我在文中所指出的，這兩種主管之間的差異是顯而易見的。如果你的主管是一個傾聽者，你就必須先挑選出那些提供資訊的人，然後讓

他們與主管進行交談，並且記下他們所交談的內容；如果你的主管是一個閱讀者，你就必須在你的備忘錄或者報告中，涵蓋那些重要的問題和建議，然後將它們交給你的主管，最後在會議上討論。

下屬也可能會根據他們主管的決策風格，來調整自己的風格。一些主管偏好於參與有關問題的決策。這些有著高度參與感的經理們，通常都喜歡插手干預那些正在運行的事務，一般來說，如果你以一種非正式的方式與他們保持接觸，他們往往就能夠得到最大的滿足。一個有著高度參與感的經理，將會以某種方式去參與有關事務，因此在你開展工作的初始時期，如果能夠有他（或她）的參加，就會有很多的好處。另一些老闆則偏好於委派自己的代表去參與有關事務——他們不想親自參與。他們希望你能夠就一些重要問題向他們彙報，並且能夠告訴他們那些不斷發生變化的資訊。

在你與你的主管之間建立一種適當的工作關係，不僅可發揮相互之間的優點，而且可以彌補相互之間的弱點。以下我們舉一個例子。

由於一個部門經理知道他的主管——主管工程的副總裁——不太善於監管他的員工們的問題，所以這個經理認爲，他應該獨自處理這些問題。但是，這樣做將會面臨很高的風險，具體的原因包括：工程師和技術人員都是聯合在一起的；公司運行實際上是以與顧客簽訂的合同爲基礎的；公司在近來已經經歷了一個非常嚴重的打擊。

這個經理與他的主管的工作關係非常親密，而且與公司計畫部門和人事部門的關係也很好，所以他確信當他獨自地處理員工們的問題時，他可以避免那些潛在的問題。而且，他還進行了一些非正式的安排，透過這些安排，他的主管就可以在採取行動之前，和他一起討論有關人事政策或管理政策的變化。這樣，就可以使得這個主管的建議充分發揮作用，同時還體現出他非常信任自己的下屬，透過這種工作方式，不僅提高了這個部門的績效，而且還改善了公司人事管理的風氣。

有一些下屬並不認爲自己應該知道主管的期望是什麼，這樣往往會使自己陷入困境之中。當然，一些主管非常清楚地知道自己的期望是什麼，但是大多數主管並不知道自己的期望是什麼。雖然很多公司都有一些系統，透過這些系統，可以爲人們交流自己的期望提供一個平臺（諸如正式的計畫過程、職業規劃討論以及績效評估討論等），但是這些系統卻運行得不很理想。而且，在這些正式的討論中，人們的期望肯定會發生變化。

最終，發現主管的期望這一重任，就落到了他們下屬的身上，這既包括主管的期望總體上是什麼樣的（諸如主管希望他們的下屬告訴他們什麼樣的問題，以及在什麼時候告訴他們），又包括主管的期望的具體內容是什麼（諸如一個特殊的專案，應該在什麼時候完成，以及主管在某一特定的時刻需要什麼樣的資訊）。

對於一個主管而言，要想讓他較模糊地甚至是不太清淅地去表達自己的願望，可能是很困難的。但是對於那些有較高辨事能力的經理而言，他們卻總能夠找到辦法，去獲得有關這方面的資訊。一些經理，通常對那些涵蓋自己工作的關鍵部分的備忘錄，首先打一個草稿，然後將它發送給自己的主管，以徵求他們的同意。然後，他們就針對這些問題進行面對面地討論，並且不放過備忘錄中的每一個細節。這樣的討論，經常可以使得主管所有的期望，都能夠眞實地浮出水面。

另一些能力較強的經理，往往是透過發起一系列的資訊討論（諸如有關「什麼是好經理」和「什麼是我們的目標」等的討論），來達到主管的期望目標。還有一些經理則採取更爲間接的方式，包括透過那些以前爲主管工作過的人，以及透過一些正式的計畫系統（這實際上就是主管向自己的主管所做的承諾），來尋找主管期望的有關資訊的。當然，你應該選擇哪一種方法，最終將取決於你對你主管工作風格的理解。

要想開發出一套具體操作性的共同目標，還需要你將自己的目標與你的主管進行溝通，以此來發現共同目標是否實際可行，以及是否會影響主管接受你的那些重要的目標。如果你的主管是一個過於強調成就感的人，那麼你最終能否影響你的主管去肯定你的目標，就顯得特別重要了。一個過於強調成就感的主管，通常會用一些不切實際的高標準來要求你，因此你還必須使得你的主管回到現實中來。

資訊流　一個主管需要掌握自己下屬的多少資訊（有關自己下屬正在做什麼的資訊），主要取決於這個主管的風格、這個主管所在的環境，以及這個主管對自己的下屬所擁有的自信。但下屬會認爲他的主管所知道的資訊，比他實際所擁有的資訊更多。而且，績效高的經理們已經認識到，他們可能會低估他們的主管所需要知道的資訊，同時他們確信，自己能夠找到一些方法，透過那些符合他們主管的工作風格的方式，來告訴主管這些資訊。

如果主管不喜歡聽取有關問題的彙報，那麼管理這些資訊就會特別困難。通常，主管會發出信號，以此來表示他們僅僅想去聽取一些好的資訊，儘管很多人可能會否定這種看法。當有人告訴他們的主管出現了問題時，他們往往會表現出非常的不高興（通常都是以一種非口頭的形式表現出來）。這些主管往往會忽視個體的成績，他們甚至可能

會認爲，那些不會給自己帶來問題的下屬是更讓人滿意的。

然而，對於一個健康的組織而言，無論是主管還是他的下屬，都需要去聽取有關失敗的資訊，就像他們需要去聽取有關成功的資訊一樣。一些下屬爲了對付那些只願意聽取好消息的老闆，往往會採取一些間接的方法，去將那些必要的資訊傳遞給他們，如利用管理資訊系統；另一些下屬則將那些潛在的問題立即與主管溝通，無論這些潛在的問題是以好消息的形式，還是以壞消息的形式表現出來。

信賴和誠實 對於一個老闆而言，幾乎沒有比這樣的事情更糟糕的了，即：他不能信任他的下屬，也不能依賴他的下屬所進行的工作。幾乎沒有哪個經理是願意不被信賴的，但是很多經理卻往往忽視了這個問題，認爲這是因爲主管一時的疏忽，或者外界環境的不確定性所造成的。如果你答應在短期內（這實際上是一個非常樂觀的預計）將已經完成的任務交給你的主管，但是結果卻未做到，這時你的主管就會不高興。對於一個主管來說，他很難去信賴一個經常在最後期限不能完成任務的下屬。正如一個總裁在描述一個下屬時所說的：「我非常希望他的行爲和他所作出的承諾保持一致，即使他在最後僅僅向我交出哪怕一點點已經完成的工作也是可以的，至少這樣我還可以信賴他。」

而且，也幾乎沒有哪個經理願意在與他們的主管相處時表現得不誠實。但是事情的眞相往往很容易被掩蓋，一些問題也往往會被忽視，以至於在將來，它們會變成經理不誠實的根源。如果主管不能相當準確地瞭解自己的下屬，並且因此而信賴他，那麼他就幾乎不可能去有效地工作。由於不誠實會削弱個人的信用，所以不誠實或許是一個下屬可能擁有的最糟糕的品質。如果連最起碼的信任都沒有，那麼一個老闆就會監督他的下屬所有的決策，並且一般不會委託他的下屬去做任何事情。

很好地利用時間和資源　你的主管實際上像你一樣，他的時間、精力都是非常有限的。你向你的主管所提出的每一個請求，都會使用他的這些資源，因此你必須非常明智地、而且有選擇地去使用他的這些資源。聽起來，這好像是顯而易見的，但是很多經理卻往往用一些非常細枝末節的問題，去浪費他們主管的時間（以及他們自己的信用）。

一個副總裁花了很長的時間，去勸說他的主管，希望他能夠解雇另一個部門中一個愛管閒事的祕書。他的主管最終利用自己的影響解雇了這個祕書。很顯然的是，另一個部門的主管不高興了。後來，當這個副總裁想去解決一些更爲重要的問題時，他陷入了麻煩之中。由於這個副總裁和他的主管在這個很小的問題上使用了自己的影響，以至當他們需要達到一些更爲重要的目標時，就遇到了困難。

毫無疑問的是，一些下屬可能會抱怨，他們除了需要完成自己的工作職責之外，還必須花費時間和精力，去管理他們與自己主管之間的關係。這些經理往往未能意識到這種活動的重要性，而且他們也未能意識到，這種活動將會消除一些潛在的嚴重的問題，從而使自己的工作，在一定程度上得到簡化。績效高的經理通常會認識到他們這部分工作的合理性。如果這些經理能夠將自己看做是組織中所完成的工作的最終責任者，那麼他們就理解了爲什麼需要建立和管理他們與他們所依賴的每一個人的關係——包括與他們的主管之間的關係。

6.讓主管知道你的態度

無論誰是主管，對下屬的基本要求都必須態度認眞。是的，無論誰、無論什麼事，要想有些成績，都離不開認眞、嚴謹的態度。做學問嚴謹，才能避免失誤；做工作認眞，才能贏得信任；甚至做人，也只有謹愼才能得到認可。就工作而言，據有關權威部門調查顯示，90%左右的主管都對下屬有這樣的要求：能力一時不夠，可以慢慢學來，但沒有認眞的態度是不行的，因爲他不可能學來任何東西。這已無數次被事實證明。

老闆會經常評價員工的綜合表現，琢磨著下一個該提拔誰。高級員工一夜之間就可能丟掉他們的位置。同時，你的公司的領導人和競爭對手也經常在物色最佳人選，用以取代被解職的人。

得到提拔，並不需要天才，只要你能夠做到以下幾點就夠了：始終注意細節；具有頑強精神；理解你的高效率主管的作風；比你周圍的人表現得稍微好一點。

我的一位在一家能源大公司當財務經理的朋友對我說：「我瞭解我的主管的脾氣。有時，他樂於助人，在經濟方面或其他方面幫他的下屬一把，使人感到非常欣慰；但有

時，他則使人難堪。我不喜歡這種作風。不過，我至少理解他。我知道我可以忍耐多久。」

你應當認識到，不管你的主管是一步步登上高位，還是從別的地方聘請來的，她之所以成為主管，是因為他適應那裡的文化。理解他的思路和做法，有助於你明白那個單位的價值觀。

——卡羅林．達夫

婦女用品公司主管

你大概希望生活愉快、事業發達，而不是熬苦日子吧！你大概希望每天受到稱讚，而不是遭到詛咒吧！正經做事的人是應當得到這樣的幸福的。

職業生涯會使人獲得一種巨大的享受。它使你的事業繁榮興旺，幫助你避免失業的痛苦，避免囊中羞澀。

所謂理解主管，就是設想他可能怎樣想。不妨設定一種局面，問問你自己：如果張

三、李四或者主管碰到這種情況，會怎樣處置。這樣考慮考慮，可能是頗有趣的。消極的處理可能是，拿不出解決的辦法，缺乏創造性，有時候自己把自己限制住了，怕這怕那；積極的處理是，如果有一個極其有經驗、多謀善斷的主管，不管是正常的，還是不正常的情況，他都能夠領導、指揮本單位勝利渡過。應當提超這樣的人。職工應該思考的問題是：我的主管是不是那麼好？

——格雷格．米勒
RACOM公司主管

我和一個行政祕書交談過。她不願意讓我引用她的姓名，她要保守她的主管的祕密。她除了完成自己的本職工作外，還要瞭解她的主管的性格癖好。「我知道應該把誰的電話給他接過去、誰的不接；如果他在辦公室工作到晚上八點半，我也工作到八點半；我知道他樹立的形象，以及如何保持它；我知道什麼時候催促他，什麼時候幫助他，什麼時候要退避三舍。由於他地位很高，我特地接受了保鏢訓練，以便在保護他方面能夠起點作用，或者至少能夠發現危險情況。」這位行政祕書給我看了一張她用立可拍照相機拍攝的老闆辦公桌的照片。「這是老闆一周以前離開時辦公桌上的樣子。他每

次離開時我都拍一張快照，以便他回來時保持桌面原來的樣子。這使他感到，儘管他長期離開，但工作仍然是有條不紊、井然有序的。」

這位祕書如此理解老闆的工作需要和性格，得到了什麼好處呢？

她不僅多年來一直保持著自己的地位，定期提高工資，而且當她的老闆另開了一家公司後，委任她作總裁。老闆解釋說：「因爲她能夠獨當一面。」她的老闆在耶誕節送給她一件貂皮大衣。老闆把她的辦公室搬到一個更有益於健康的地方。這位女祕書成了「爬山」能手；她的丈夫經常在老闆的海灘別墅渡周末。她享受著一種高質量的職業生活。

如果你決心有朝一日自己成爲大老闆，那你就必須把自己充分武裝起來。

攀上事業頂峰的人，在他們成爲「第一號人物」以前，他們的思想和行爲就已經像「第一號人物」了。他們知道，必須從你期望達到的位置上來觀察問題，這一點是很重要的。他們一再表現出，他們可以按照那個標準行事。任何工作，只要對它有透徹的瞭解，就變得簡單可行了。當你爬上事業的頂峰時，你便可以明白大多數奧妙了。我和我的同事爲您奉獻我們研究成果的目的，就是要讓你在達到頂峰以前，便懂得這些奧妙。

如果在你的事業計畫中，你想等到你和公司發號施令的體係比較靠近時，才去理解那個圈子的人，那你要等的時間就太長了；如果你認爲，是否瞭解老闆無關緊要，只要把自己的本職工作做好就行了，那你就錯了；如果你以爲，處在你的地位那是無所謂的，這樣的看法是不正確的；如果你覺得，在未當主管以前就像主管那樣思考問題是沒有必要的，這樣的想法是不可取的，也是危險的！

有的職員錯誤地認爲，我忙於做我自己的工作，如果要理解別人，那是主管的事情。如果你要等待那樣的理解環境出現，你可能要等很長的時間。一家電腦生產廠家的會計主管對我說：「我像躲避瘟疫一樣避免和總裁接觸，平時總是一心一意做自己的工作。當然，我也希望他對我更加重視一點，但他很高興，也不來打攪我。我對我手下的人也採取同樣的態度。我想，或許我們都已經成爲自己的老闆了。」

> 我偶爾聽人說我不夠關心員工，這使我深感惱火。如果他們瞭解我的話，他們就會知道我是關心人的。這種錯誤的看法，是源於一種泛泛的認識，以為老闆都不關心人，……但是，我能理解這種錯誤的概念。我年輕的時候第一次在一家公司工作時，我看見老闆吃午餐要用一個半小時，而我在餐桌上只用半小時就草草了事。我當時錯誤地以為總裁無憂無慮，沒有多少事情要做。現在我主持一個公司了，才知

道上面的人雖然沒有重體力的事要做，卻也忙得四腳朝天。

——傑克．倫德伯格

丹佛薩拉／斯維達工業公司主管

任何規模的一個團體，都需要有一個帶頭人，他負責做出決定、領導團體、對付危機，並在眾人之前登上山頂。達到山峰的道路是狹窄的，沒有太多的迴旋餘地。帶頭的人在前面攀登，眾人在後面支援他。如果你有決心，你可以成爲這樣的帶頭人。但前提是你要承擔責任。

一個有雄心壯志的人要成爲總裁，應該做些什麼呢？要對上面的人有所瞭解，並取得成就。有些人非常樂於突出自己，而且肯下這樣的功夫，於是，如果你奮勇前進、攀登頂峰，你在他們中間會成爲非常傑出的人物，你肯定會成爲領導者。你爲那些也在攀登的人提供了無可估價的經驗。你的作用和權力在不斷地增加。

你將成爲必將取得勝利的人。你知道，只要你對某種事物或某種人有充分的瞭解，你就可以更好地對付它或他。我的目的是使你瞭解你在通常情況下無法接近的總裁，揭示他們的祕密。雖然你現在已經做得很好，但是，如果你充分認識到主管希望什麼、需要什麼，那麼，你就可以做得更好，你就會更有效地幫助主管；將來你也有條件自己成爲主管。

瞭解主管的性格，並不意味著故意討好有權有勢的人；並不是要你去與他們建立友誼，以便在同輩中炫耀；也不是要你揣摩某人的心理，然後加以操縱和利用；更不是要你和老闆到酒吧吃吃喝喝，變成密友。其目的是要你瞭解領導人，以便能夠更好地和他或她共事，摸清楚他們重視什麼，儘量減少你的問題，形成你的工作方法，決定你是否有朝一日也成爲主管。

7.記住這十條，對你會有幫助

以上的做法，令很多人都有一種疑惑，他們認爲只有主管才能有效地管理下屬，才能強而有力地協調好成員之間的關係，而下屬則永遠處於被動狀態，難有作爲。實際上，主管與下屬作爲一對衝突主體，影響和控制是相對的，下屬在與主管相處的過程當中，是完全可以充分發揮主觀能動性，處理好與主管的關係，使自己在工作中遊刃有餘。那麼，職業經理人該如何學會與主管相處的藝術，爲自己營造一個「風調雨順」的工作氛圍，從而成就輝煌的未來呢？在這裡，我爲你精心總結了「管理」好主管的十項基本原則，希望能對你有所幫助。

‧自信，卻不自傲。對自己要充分自信，保持自尊、自重。要贏得主管的信賴，你必須確信你是公司的臺柱，你要從內心裡認同自己是公司不可缺少的人物。試想：當主管與你談話時，你心虛氣短、兩腿發軟、額頭冒汗、舌頭打結，他會相信你有和客戶卓有成效地溝通的能力嗎？當然，自信絕不等於自傲。如果你目空一切，無論你如何有才幹，主管也只能忍痛割愛，因爲他需要的是一個具有協作精神的團隊，而不是個人主義

的英雄。

•**尊重，卻不卑下**。主管對來自下屬的尊重，有很強的渴求心理。因爲下屬的尊重，是提高主管威望、增強主管控制力和駕馭力、保證工作順利開展的精神力量。因此，應該時刻維護主管的地位。不要在人前與主管爭論，因爲這樣會導致主管難堪，導致和主管關係的緊張；不要在背後與他人議論主管，因爲你永遠不可能保證隔牆沒有耳，因此，最好的辦法就是在休閒時間閉口不談工作；當更上一級主管與你溝通時，你應儘量客觀地敘述事實，儘量正面評價主管，否則洩一時之憤，會斷送掉你的前程。你要相信一點，更上一級主管肯定會維護你的主管，而不是你。因爲他必須維護你的主管的威信。但尊重不等於卑下。如果在主管面前唯唯諾諾、見風使舵、抬轎子，必定讓人生厭。要贏得別人的尊重，你必須先尊重你自己，無論在何種情況下，都應該保持自己完整、獨立的人格。

•**服從，卻不盲從**。沒有服從，就無法形成統一的意志和力量，導致任何事情都不會有成就。軍隊不服從指揮官，後果肯定是滅亡。如果你的主管要求你向東，而你偏偏向西，不引發衝突才怪。但是服從不等於盲從，你一定要能夠獨立思考，處事有主見。對主管的能力、水準、人格可以認同和讚賞，但不能迷信及個人崇拜；可以尊重、熱愛

自己的主管，並認眞執行主管的正確意見和主張，但不能盲從，因爲盲從往往會導致其脫離實際，生活在虛無飄渺中，最終會掉進無底深淵，不可自拔。

對主管負責，就要善於查漏補缺，善於創造性地開展工作。人無完人，當你不認同主管的觀點時，應怎麼辦呢？

第一，在適當的時機、適當的場合，以適當的方式去說服主管。這裡所說的適當的時機，指的是在主管有空閒時間時；適當的場合，指無其他人在場的情況下；適當的方式，指語氣必須委婉，能夠讓人接受，比如，以這樣的語句「對這個問題，我有個觀點……」作開場白，會讓主管內心舒坦，從而爲接下來的溝通創造好的氛圍。如果不具備這三個「適當」，則會適得其反。

第二，如果主管沒有採納自己正確的意見，在指示沒有變更之前，仍要按原指示不折不扣地執行，但在執行中應積極採取措施，把可能造成的損失降到最低程度。當主管看到你的努力後，一定會發自內心地讚賞你。

- **決斷，卻不可擅權**。在自己職權範圍內的事務，要果斷地處理。如果婆婆媽媽的，必定會讓主管對你的能力產生懷疑。你想，如果一個足球隊員，當球到了腳下，他還要去請示教練嗎？

事到臨頭須放膽，但決斷不等於擅權。功高不自居，多請示彙報。由於主管事務繁多，應主動向其階段性地彙報自己的工作，請示主管的意見。同時權重不可越位，尤其不可在重大問題或自己的職權外自作主張。

・親近，卻不親密。在與主管相處中，既要堅持原則，又要講究方法，把原則性與靈活性緊密而巧妙地結合起來。主管承擔著更多的壓力和責任，因此內心會有更多的寂寞和鬱悶。你應該從生活細節上體察入微、關心體貼，從而與主管親近，縮小與主管之間的心理距離。想主管之所想，急主管之所急，只有在這種相互尊重和理解、關心和愛護中，才能使友誼更加深厚，合作更爲緊密，整體合力更爲強勁。但親近絕不等於親密，距離產生美。如果你因主管的親近而得意忘形，失去了對其應有的尊重，則必然埋下隱患。你必須記住：主管永遠是主管，下屬永遠是下屬，在任何公眾場合，都不可有無禮的語言和行爲。

・多聽，卻並不等於閉嘴。在與主管的談話中，應用積極飽滿的態度，傾聽並思考。在聽的過程當中，不管主管的話中聽不中聽，都必須挺直腰板，面帶微笑，不卑不亢。切不可怒容滿面，或無動於衷，或出語相譏。但多聽絕不等於閉嘴，在尊重事實的前提下，有理有節地表達自己的觀點，肯定會讓主管刮目相看。尤其是在接受任務之

時，要勇於表態，再就是動員會上，因爲那時鼓舞人心的氣氛是需要眾人一起營造的，但在接受任務後、行動開始之前，務必與主管充分的溝通，爭取主管爲你配置有力而充分的資源，確保任務順利完成。而不要等任務不能完成時，再推三阻四。

・**功高不自居**。一個職業經理人應該有積極求實、奮發進取的熱情、高度的責任感和強烈的事業心，以及恪守職責、精明幹練的合作精神。在團隊中，對於分工承擔的任務，一定要積極地去完成，在成功之前，絕不輕易承諾，否則日後不好下臺，主管會當你是吹牛大王，喪失對你的信任；在工作中取得了成績，絕不能驕傲，相反應更加謙虛；當未能達到預期目標時，要勇敢地承擔責任，切不可文過飾非。

・**要勇於表現自己，卻不可鋒芒畢露**。在事業的跑馬場上，只要時機成熟，就應恰當地表現自己，讓自己的職業素養和能力充分發揮。但是不可鋒芒畢露、一意孤行，聽不進任何人的勸阻或建議，與整個團隊背道而馳。

・**要齊心協力，也要風雨同舟**。在任何工作中都不可能沒有挫折和失敗，當陷入困境時，一定要堅定不移地支援主管，不能落井下石。患難之中見眞情，這樣的時候，你和你的主管才眞正會形成生死與共的情誼。

・**要心底無私，也要顧全大局**。在與主管相處的過程當中，要對主管寬容理解，不要理想化，不要苛求，應不謀名位，以工作為重。只有這樣，主管才會把你排在辦公室排行榜的前面，給你更能體現你價值的薪水，給你更多挑戰的機會。

以上所探討的十項原則，有一個基本的前提，那就是你與你的主管有共同的價值觀，你對他的人品是認可的，你從內心深處認為是跟對了主管。如果你和主管水火不相容，那我也沒有辦法了。

8.與主管交往的細節

前面早已提出：對上管理就是指作爲一個企業中的一個普通工作人員，如何處理自己與主管之間的關係，以達到使自己獲得最大利益的目的。「對上管理」又可叫做對上溝通與交流，既然是管理，就少不了人與人之間的感情交流，既然是在公司中處理此類關係，工作上的交流自然成爲主體性的交流。

在與主管交往並協助其對公司進行管理的過程中，應對諸如微笑、握手等細節問題時刻加以注意：

・**細微之處見精神**。與主管相處，主管隨時都在觀察你、評價你，即使是很平常的一句話、一個動作，都可能會影響你的未來。

有一次，安德魯到經理辦公室彙報工作，因爲他是公司的新進人員，又是第一次進經理辦公室，無形的緊張使得他早已養成的「抓耳撓腮」的習慣更加難以抑制，幾乎每一句話都要有一個「抓」或「撓」的動作配合。彙報完工作，經理並未給他提任何建議。但是不久以後，安德魯由行銷科被調到後備科做後勤工作了。

・要學會微笑。微笑很重要，誰喜歡天天面對著冷冰冰的面孔呢？看看郵局、銀行的職員，當你去取錢時，他們如果一點笑容也沒有，你的感覺肯定不太好吧！下面就是一個例子：

以前有一家公司，讓他們的員工去某主管處拿一份重要的資料，結果去的員工都被罵了回來，老闆就把這個任務交給了安德魯，安德魯很爲難！但這份資料不拿還不行，結果他只得硬著頭皮去了。到那位主管的辦公到後，安德魯剛說明來意，主管就開始破口大罵。這時安德魯什麼也沒有說，臉上一直保持著微笑，嘴裡說著：「噢？這樣呀！是嗎？」後來，當那個主管罵了一陣子之後，安德魯說：「主管，您很善於表達內心的憤怒！太好了，我特別喜歡和直爽的人打交道。」後來，主管看了看安德魯說：「嗯！這小夥子不錯！我也不爲難你了，你就拿回去吧！」就這樣，別人沒有拿到的資料，他卻拿到了。

透過這個例子我們可以看到，「微笑」可以使你辦到別人辦不到的事。時間一長，主管對你的看法和印象就自然像微笑一樣好。

曼哈頓諮詢公司的副總經理史密斯說：「身爲下屬，大多數員工也許不會期望去跟主管閒聊，尤其是跟這個主管很生疏時，『最好你也少跟我說話』，這也許是下屬的潛臺詞，因爲言多必失，誰知道我隨便說的哪句話就惹下了禍根。當在電梯裡遇上老總時，我會做一些休閒式的彙報、請示，因爲電梯畢竟不是正式的地方。雖然我們總是希望與自己的主管做朋友，但距離是不容易超越的。

『作爲主管，我的問法永遠是休閒的，也就是一些禮貌性的問題。你也不應該對著下屬誇誇其談，哪怕是聊聊南北聯盟、國際周、馬爾地夫等話題，都可能會引起歧意：『爲什麼跟我聊這些？是不是有點什麼別的用心？』你的多話，可能會引起下屬的『多想』。當然，如果下屬見到我時沈默不語、滿懷心思，我會在工作時故意找一點事情去溝通一下，『最近怎麼樣？心情好不好？』力求讓他感受到輕鬆愉快的工作氛圍。」

史密斯先生的身分有些特殊，既爲管理者，也有頂頭上司，他似乎更能理解身爲下屬的心情，也告訴我們言多必失的規則。

9.耍一些小花招

下面這些花招，或許可以幫助你在主管面前得到認可：

1.**提前上班**。別以爲沒人注意到你的出勤情況，主管可全都是睜大眼睛在瞧著呢！如果能提早一點到公司，就顯得你很重視這份工作。每天提前一點到達，可以對一天的工作做個規劃，當別人還在考慮當天該做什麼時，你已經走在別人前面了！

2.**反應要快**。主管的時間比你的時間寶貴，不管他臨時指派了什麼工作給你，都比你手頭上的工作來得更重要，接到任務後要迅速、準確、及時地完成，反應敏捷給主管的印象是金錢買不到的。

3.**儘快熟悉公司的一切**。努力瞭解公司的一切：公司的目標、使命、組織結構、銷售方式……，表現出你願意接受公司的企業文化，願意融入這個群體，而不是作一個匆匆過客。除此以外，你還要瞭解公司的經營方針以及工作作風，你對公司的全局認識，有助於你日後的發展。

4.**做事要積極主動**。一旦老闆給自己分配任務時，如果能做到接到工作立刻動手，

並能迅速、準確、及時地完成的話，您的老闆一定是開心的，因爲反應敏捷給人的印象是金錢買不到的。另外，在做事情的過程中，不能消極等待，存在著太多的希望和幻想。千萬別期盼所有的事情都會照自己的計畫而行，相反的，你得隨時爲可能產生的錯誤做準備。

5.**苦中求樂**。不管你接受的工作多麼艱巨，即使鞠躬盡瘁也要做好，千萬別表現出你做不來，或不知從何入手的樣子。

6.**保持冷靜**。面對任何困境都能處之泰然的人，一開始就取得了優勢。主管和客戶不僅欽佩那些面對危機聲色不變的人，更欣賞那些能妥善解決問題的人。

7.**勇於承擔壓力與責任**。社會在發展，公司在成長，個人的職責範圍也隨之擴大。不要總是以「這不是我分內的工作」爲由來逃避責任。當額外的工作派到你頭上時，不妨視之爲一種機遇。

8.**不要和老闆爭吵**。在工作中，與主管難免會有一些誤會，但不要因這個誤會引起你和老闆的爭吵，因爲和主管打交道有一條至關重要的準則——永遠不要堅持一場不能獲勝的戰爭。如果與主管的確發生一些衝突，這時你應該記住的是：講究方法，除了注意時機、澄清問題、提出方法以外，更值得一用的是：「站在主管的角度思考問題」。

如果你自己此刻站在主管的位置上，你會怎麼處理這件事？多設身處地的爲主管想想，改變一下自己的思維方式。不久，主管將會從你的轉變中看到你的成長，從而願意跟你一起共事了。

9.**不在工作時聊天**。工作中的閒聊，不但會影響你個人的工作進度，會影響其他同事的工作情緒，招致主管的責備。注意到這些，你就能樹立起一個專業人員的形象，你的整個職業生涯的發展將會一片坦途。

10.**認真鑽研業務知識**。每一個老闆都希望自己的職員，能非常熟悉和瞭解業務知識，這樣才能確保開展工作時得心應手，因此我們必須具有豐富的知識，才能完成主管交付的工作。這些工作所需的知識，與學校所學的書本知識有很大差異，它需要的是實踐經驗。另外，如果主管感覺到你總是能完成更多、更重的任務；總是能很快掌握住新的技能的話，相信你在他的心目中肯定會有一席之地的。

10.記住，一定要和善

所謂和善，並不意味著要一味地討人喜歡。比較成功的主管作出決定時，依據的標準是什麼是對的，而不是什麼是討人喜歡的。正是這一點，使他們贏得了人們的尊敬，不管他們是否討人喜歡。

和善體現的是這樣一個簡單的價値體係：尊重人（那些爲你工作的人和你爲之工作的人）；善有善報，惡有惡報；仁慈有助於你享受美好的工作。

比較成功的主管證明，你既可以成爲一個和善的人，享有關心、體貼人的美名，同時又堅強有力，完成任務毫不含糊。爲人和善，只會使你變得更加完美。正如沙利文合夥公司的執行長沙利文所說的：「如果你和善，即使其他有點令人討厭的地方，人們也不在乎。」

如果你面帶誠懇、關切的微笑，對你的主管提出建議，那麼，你一定可以取得圓滿的結果。人們覺得你平易近人，樂於按照你的要求辦事。反之，如果你板著面孔嚴峻地提出批評、發出抗議，則會引起人們的反感，達不到你所要求的效果。

享有盛譽的卡法羅家庭購物中心（擁有六億美元的資產），就是靠這樣的經營哲學發家致富的：「如果今天交一個朋友，明天就可以做成一筆買賣。」

要努力使自己不顯得高高在上、盛氣凌人。所謂和善，並不是要你去巴結奉承，到處說「請」、「謝謝」，而是採取這樣一種態度：「我對你好，希望你也對我好。我們不迴避難辦的問題，我們要在互相尊重的情況下解決它們。」

克萊斯勒公司一年花三千萬美元，來培訓推銷員甚至包括機械式的微笑。這個道理很簡單。如果你和善待人，你就可能從人們身上得到你所需要的東西。粗暴無禮，你將一無所獲。

不錯，你可能會認爲，你見過許多粗暴專橫的人在指手劃腳。誠然，從短期來看，有時甚至從長期來看，這些人確實得逞了。但是，在大多數情況下，這些人的做法是行不通的。特別是在現代企業中，主管越來越不能容忍下屬的粗暴行爲。如果你老是自以爲是，恐怕將面臨失業的危險。

有人覺得，他的權力和威望越大，他就越沒有必要表現得和善。這個看法不對。你的地位越高，人們就越發注意你的爲人，並以你作爲榜樣。

一個部門主管對他的老闆——博格斯保健公司執行長蒂姆．斯塔克，作了這樣的描

寫：「雖然他的地位很高，但他仍然極其注意和關心職工的個人生活。」

當大家事業成功的時候，彼此容易和善相處。但是，能幹的主管會告訴你，這是不夠的。在大家處於逆境的時候，你也必須和善待人，對待主管更應如此，不要看到主管暫時事業不順，就不理不睬。

反之，你應當對那些你不大喜歡的主管，表現出特別的和善。你不妨試試，我敢保證，效果一定不錯！關於和善對待主管，有兩點要注意：

第一，在這種情況下，你不能「做戲」。和善對待主管不是裝出來的。

第二，對違法亂紀、不道德的活動，絕對不能和善。在這方面，只要有絲毫的「軟」，就會馬上被人利用，引起周圍人的憤慨，甚至是主管的鄙視。

經理人要做什麼？

杜拉克談五維管理

第三維　對下管理——管理你的下屬

Part 3

有一位行銷經理，帶著不屑和疲勞，回想她任職的電視臺最近剛完成的改組工作。她在二〇〇一年剛進公司的時候，不但尊敬她的老闆，而且帶領她的八位屬下幹勁十足。兩年前，幾位高級主管出其不意地發動了一項全公司的改組計畫。她說：「去年夏天的某一日，我踏進辦公室，赫然發現我一人得負責三項全職工作。這樣的工作分量，令我恨透了他們每個人。如今，我的老闆只能得到我先前創意的10％和精力的50％。現在我是典型的屍位素餐，什麼事都不做，每天只等著上班領薪水。」

你的公司是不是正在裁員、改造，或是進行技術和職務大調整？你是否感到壓力大到叫你精疲力竭？你是否感到與同事彼此缺乏信任、衝突漸多、士氣低落？如果是，你就需要看看這一章。

1.管理的真諦在於簡化

我曾經聽過這樣一則寓言：

橄欖樹嘲笑無花果樹說：「你的葉子到冬天時就落光了，光禿禿的樹枝眞難看，哪像我終年翠綠、美麗無比。」不久，一場大雪降臨了，橄欖樹身上都是翠綠的葉子，雪堆積在上面，由於重量太大，把樹枝壓斷了，橄欖樹的美麗也遭到了破壞。而無花果樹卻由於葉子已經落盡了，全身輕鬆，雪穿過了樹枝落在地上，無花果樹安然無恙。

在企業管理中，現代企業的管理不應太複雜，太複雜將會事倍功半，使事情保持簡單，是企業發展壯大的要旨之一，會達到事半功倍的效果。當然，簡單化管理要求管理者有非凡的魄力和自信，自信是管理者成功管理員工的至關重要的因素。簡單化管理正逐漸走向成熟，逐步登上管理的大雅之堂。

簡單化的管理具體表現爲以下幾個方面：

1. **簡化工作場所**。大多數企業有著太多太多複雜的制度、過於程序化和做事情節的方式，優秀的管理者應該仔細找出哪些是最複雜而又最無效率、最浪費時間的，與下屬人員協力剷除它們，或是作一些精簡，從而提高效率。

2. **讓會議更簡單有效**。管理者會見下屬時，首先要明確不要具體到每分鐘的複雜的議事日程，相反的，應鼓勵他們簡單地陳述一下，他們最近幾個月裡聽得到的最好、最簡單的構想。

3. **拋棄複雜化的備忘錄和資訊**。真正的管理者是不喜歡複雜的備忘錄，而是喜歡那些簡單卻又明確的便條。這會使管理者覺得，交流應當充滿創意而又簡單明瞭，不要使用那些複雜化的、難懂的行業術語，這有點像記者，他們在聽報告或是作記錄時，都是用最簡單的語言，描述那些最重要、最有意思的場景或會議，記者的簡單化的工作方法，是優秀管理者的學習楷模。

2.激發下屬的智慧

善於捕捉成功機會的管理者，不但自己有本領，而且也懂得如何去挖掘下屬的本領和智慧，只有這樣，才能確保自己的管理井井有條，雖然沒有事必躬親，卻創造了高效的業績，當然，謀略是管理可以簡化的前提條件，也是管理者馳騁沙場的法寶。因此，優秀的管理者也會注意下屬的智慧。

美國著名的管理諮詢專家艾德．布利斯，有一句名言：一位好的經理，總是有一副憂煩的面孔——在他的助手臉上。布利斯這句話的意思是說，好的經理會懂得如何向下屬人員授權，充分調動他們的主觀能動性，去完成工作任務，而不是自己包攬一切。由於現在有太多的管理者，渴望擁有那種決定一切大小事務、決定一切人員生死的大權，所以他常常採取獨裁的行動，使自己高高在上、傲視一切，從而得到心理上的滿足。

但是，這樣的管理人員，不但不能很好地利用自己的時間，去做那些重大的事情——如怎樣利用衝突分析方法去分析衝突、解決衝突——也阻礙了下屬智慧的發揮和能力的提高。假如你管理得太多、太死，不懂得如何授權，或採用委任的方式給下屬以機

會，結果只能是你自己一天到晚忙得不停，下屬卻只是充當一個旁觀者的角色。那麼，你還爲何招聘下屬呢？陷入無意義的細枝末節，是阻礙你成爲優秀管理者的絆腳石。如何才能確保管理不過度呢？記住：

‧**永遠不要讓你的注意力離開目標**。在工作中應心平氣和地想一想，爲了達到目標，你到底需要做什麼？下屬應該做什麼？

‧**減少管理程序，簡化管理**。如果你管理得太多，應該搞清楚原因何在。是員工或下屬沒有能力，還是你這個獨裁主義者，不知退一步海闊天空的道理呢？當然，你不必老是擔心因下屬的能力不夠會把事情搞砸，在這方面，你可以採取指導的方法。

‧**優秀的管理者不怕下屬人員太多，因為他會讓下屬也成為管理者，從而減少自己直接管理的人員數量**。威爾許說過，領導的關鍵，就是在於怎樣發現和培養優秀的領導者，假如你不給下屬機會去鍛鍊，你將永遠也不會發現在你身邊的千里馬。在全新的管理理念當中，這種千里馬就是智力資本。新經濟浪潮已開始在全球引發，智力資本已成爲其最強大的助力器、推進器時，管理好智力資本、使用好智力資本，已成爲公司競爭力的關鍵所在。

3.管理者的職責——引領而非運營

優秀的管理者懂得自己的主要職責是什麼、次要職責是什麼，知道自己該怎樣去履行職責，從而簡化管理，以創建高效率的企業式公司，下面的例子也許會給我們一個意外的收穫。

一個小孩不小心掉入門前的深河裡，他父親剛好看見了，就趕忙游過去把他救了上來，並說：「有父親在，你沒事的。」

沒過幾天，小孩又掉進河裡，父親又輕而易舉地把他救了上來，此時，好心的鄰居都勸父親教小孩游泳，因爲他們知道，只有小孩會游泳，才是最好的避險方法，「以不變應萬變」，不管父親在不在，小孩都會沒事，可是小孩的父親卻不以爲然地說：「不必了，我會游泳就行了，他落水時我可以救他。」誰知道，小孩第三次掉進了河裡，由於父親不在身邊，河邊又沒有人，結果可想而知。

這個小故事告訴我們：只知道營救、不懂得教兒子游泳，這是導致小孩溺死的根本原因，父親並不是一個聰明的父親，其實他犯了一個重大的錯誤，那就是用靜止的觀點去看待發展的問題，比如「刻舟求劍」，結果失去了小孩，把悲傷留給了自己。企業管理又何嘗不是這樣呢？領導者的職責是引領而不是運營。同樣的道理，公司或企業的事情太多太複雜，每件事情不可能都經自己的手。若主管處處去運營，也許在小規模的私人企業會行得通，在大一點的企業中，則會造成工作效率低下，甚至管理混亂——這其實又是不可原諒的失誤。

引領就是自己可以在幕後指揮，讓下屬去貫徹自己的戰略方針、政策，去實際操作和運行。不需大小事情都事必躬親，即使是你最擅長的工作。由於知識的不斷增加、不斷專業化，在許多領域，尤其是博大精深的商業領域更是如此。管理者越來越多地發現，自己並不是很清楚自己的員工在做什麼，但你卻可能知道他們大致在做些什麼，還有一個令人不安的問題就是：如果我不知道他們在做什麼，我還能管理他們嗎？如果他們懂得的比我更多，我的工作還有意義嗎？我想這兩個答案是肯定的。俗話說：「術業有專攻」，管理者注重的是戰略方針，而不是具體的每件事情。

管理者如何使自己是一個引領者而非運營者呢，下面幾點值得考慮：

1. **明文記下自己的戰略**：首先制定戰略思想，並很深刻地瞭解它，養成寫下戰略思想，同時讓下屬也瞭解並準確執行的習慣，你必須找到合適的表示方式。

2. **避免詳細技術節錄**：策略思想並不是要細化到每個具體的工作，作爲管理者，你的工作是制定策略，並保證下屬以最好的方式去執行、去實現它，管理者應做到運籌帷幄、決勝於千里之外。

3. **雇用並提升那些最有能力將自己的思想轉化為現實的人員**：在面試時，你應測試一下他們將如何面對一個特別棘手的問題，問問他們是否有獨到見解：那些有獨到見解的人，可能更適合你的要求，同時也應提拔那些做事很出色的下屬。

4. **自己的管理目標要明確**：對於企業的目標，必須讓員工有一個深刻的瞭解，因爲是這些目標將不同的工作凝聚在一起，大家是爲了一個共同的目標——公司的利益——而走到一起，同時，在制定這些目標和要求時，應徵求下屬人員的想法和意見。

面對高速增長、急劇變化的市場，唯一的成功之道就是廣攬人才，爲他們指引一個大方向，然後就放手任由他們發揮。同時，所有的事情最終還是具體落到每個下屬身上。其實，引領是一個策略性的問題，目的是確保我們所做的事情，能眞正著眼於未來，向未來的方向前進，積極爲公司制定長期的技術戰略。當著名的美國在線時代華納董事長在回答記者提問：「你是怎樣管理公司的」時，凱斯回答道：「我不是運營，而是引領，這需要有長遠的眼光，也就是承前啓後的構想，成功的關鍵是：設計五到十年的自己的未來，花很多時間去設想正在到來的世界將會怎樣，而不是把時間浪費在今天、明天、這個季度或本年的工作計畫上。」

4.你的上帝應該是員工而不是顧客

在商品滿天飛的世界；在供大於求的商業領域，廠家最常講的一句話就是：「顧客就是上帝。」但對管理者來說，下屬才是自己眞正的上帝，因爲自己的輝煌都是下屬辛勤工作的結果、汗水的結晶。只有下屬滿意了，顧客才會滿意。

讓員工樂於工作

一家企業、一家公司，眞正的效益不是逼出來的，而是由員工自動工作出來的。如果一味地強逼員工去工作，員工將會產生人們常說的「叛逆心理」，這只能使產品的質量和效益大打折扣，那麼，你又何必不讓員工樂於工作呢?即使讓員工樂於工作不是一件容易的事情，你作爲管理人員，也應努力去實現它。通常應該換一個思考問題的立場，爲員工著想，以自己的人格魅力去感染下屬當中的每一個，不管他們的工作是否重要。優秀的管理者會對下列方法瞭如指掌，運用純熟：

• 平等地對待員工和部下。每個人都有由於自尊心而產生的要求平等的意識，平等的意識在企業人才管理中，是不可忽視的一項。任何功成名就的企業家和管理人員，都

十分重視這種平等意識，從而使企業上下齊心，使主管和員工和諧相處。

•對待部下和員工要親切友善，且有關懷同情心。管理人員親切隨和、笑容可掬、不擺架子，會使員工感到主管很有人情味，這樣，下屬才會爲自己即使上刀山、下火海也在所不惜，讓員工對自己有一種感恩的心態。

•管理人員要能虛心傾聽職工或下屬的意見和創造性的建議，使大家「知無不言，言無不盡」，即使那些建議有不妥之處。傾聽是一種藝術，優秀的管理者應該虛心地傾聽他人的談話，而不是自顧自地在那裡滔滔不絕，如奔流不息的黃河水，一發不可收拾。

也許這就是大自然賜予我們兩隻耳朵的同時，卻只賜予我們一張嘴巴的緣由。

•對職工的薪水要求盡力滿足，特別是企業效益好的時候，誰來工作都是爲了賺錢，天下沒有免費的午餐。薪金是激勵員工最簡單卻最有效的方法，它是一把殺人於無形的刀，既能使懶惰的下屬變得活力煥發，又能使積極工作的優秀人員一夜之間消聲匿跡，企業的效益一落千丈。

要讓員工樂於工作，管理者必須爲員工做些什麼？勤勞耕耘才會有收穫，雖然成果有大有小，但如果管理者什麼也不做，要想在員工樂於工作這方面有所收穫，那是不可能的。「No pains, No gains.」，英特爾公司就是一個典型。很久以來，英特爾的新成員都是立刻投入職場，每個人都在開放的環境裡，快速地學習別人的經驗，以迅速解決自己的問題，工作與學習激發了無限的動力，在英特爾，不論個人是否已經為晉升做好了準備，他們往往直接被提拔到更高的位置，讓有能力的人迎向更高的挑戰。這樣，員工才會有激情、才會愉快工作。有時，他們的生存狀態是「辛苦而快樂著」。

5.做個搭「舞臺」的人

現代管理中，要想發揮人才的作用，就必須爲他搭好舞臺，這樣他才能演出好戲。若沒有發揮才能的堅實基礎，才能的發揮就不可避免地受到限制。根據管理學中的「木桶原理」，一個人才能夠發揮的最大作用，將會由他的短處來決定。主管爲人才搭建舞臺時，下面幾點尤爲重要：

1.用人不疑，疑人不用，儘量充分給人才自由發揮的空間。

2.該放權時就放權，不能讓權力成爲限制員工手腳的絆腳石。

3.充分讓人才參與企業的策略計畫，讓他們對自己的策略有一個深刻的瞭解，這樣才不會讓下屬在工作時，誤解自己的意思，才能使工作的發展走入正確的軌道。

4.給人才充足的資源，包括財力、物力，即使是在企業財政吃緊的情況下。

5.爲員工建立恰如其分的目標，給予員工合適的挑戰機會。

從前有一個國王要出兵打仗，詔告全國徵兵。有一次，召入一個天下無敵的大力

士，國王久聞其名，親自召見。國王問：「你需要我給你什麼職位？」

「我只要做統領，」大力士說。

國王笑了，說：「好。」但大力士當上統領以後，一個月內軍隊都沒有動靜，國王很生氣，就問其原因。

大力士道：「沒有好的刀和馬。」於是國王就賜給他一匹千里馬和一把寶刀，可惜前線仍是節節敗退，因爲大力士還沒有上戰場。這次國王發怒了，召見大力士說：「你再不出兵，國將亡了。」

大力士道：「我還有一個要求。」

國王道：「你說吧！我答應你，你得替我上戰場出力。」

大力士道：「我需要你賜給我三千兩黃金，給我部下的家屬以充足的生活。」

這回國王不高興了：「黃金可以給，但你千萬不能再推託，否則殺你以祭死去的將士。」

大力士道：「君子一言既出，駟馬難追。」

果然，大力士統領新兵上陣後，英勇頑強，建立奇功，手下兵士以一敵十，很快就贏得了勝利。

在慶功宴上，國王問大力士：爲什麼幾次三番都不肯出戰。大力士道：「沒有銳器，就沒有銳氣；沒有家屬的生活保證，兵士就有後顧之憂；沒有幾個月的訓練，也就沒有統一的指揮。」

可是在現實當中，又有多少管理者能像這個國王一樣，徹底地滿足一個人才的合理要求，充分爲別人搭好成功的舞臺呢？

大力士之所以不急於求戰，是因爲他需要有好的設備、基本的訓練時間和兵士家屬基本的生活費用。這些都是戰鬥取得勝利的保障。

6.讓員工為自己的工作自豪——哪怕是在沖廁所時

「我要使我的下屬有這樣一個信念，就是爲他們所做的工作感到自豪，甚至當這工作是沖廁所時。」

但是，不是所有人都能這麼說的。

弗蘭克．康塞汀是美國國家罐頭食品有限公司的總裁，他領導的這家公司，是世界上第三大罐頭食品公司。至於他有什麼領導祕訣，下面這句話不知對你能有何啓發：

「如果你使員工對他們的工作有自豪感，這比給他們報酬要好得多。你在給他們地位、被認可感和滿足感……」

因此，這家公司從來不擔心招聘不到員工。當他們在奧克拉荷馬城的分廠需要一百個員工時，在招聘廣告發佈後，竟然收到了兩千份申請。也難怪，這個新工廠充滿了家庭氣息，工作環境中還有抒情的音樂。

在亞利桑那的鳳凰城的工廠成績卓著，公司就搭起了一個露天的馬戲場，讓員工們工作之餘能開心快樂。在馬戲場建起的那一天，九十四名工人的日產量，達到了一百萬盒罐頭的目標。

企業管理中，管理人要善於跟職員溝通，利用「親和的需要」滿足員工的心理願望，企業不僅僅是管理人的，也是每一位員工的。讓員工以工作自豪，哪怕只是在擦地板。這樣的管理方法，無疑提高了員工與經理人員更好合作的願望和能力。以下幾點是親和員工的方法：

＊多跟員工溝通交談，讓他們有擁有感。同時，交談是獲取資訊的重要來源。

＊絕不能冷落工作中的任何一個員工。

＊讓每一位員工知道，只有工作了才是自豪的，工作就是為企業做貢獻，哪怕是擦地板這樣的小事。

在許多企業當中，有許多下屬並不是對自己的工作很滿意，這其實並不是員工的錯誤，而是管理者的失誤。羅伯特．斯圖爾斯曾說過，管理人員的工作，就是把員工放在合適的職位上。如果你把適當的人安排在合適的職位，他們就會得到心理上的滿足，這

種滿足，是他們在其他並不適合的職位上所得不到的。

工作是自豪的，就像兩張用同一塊鐵造成的犁，一張犁由於工作努力而使自己全身光亮，而另一張犁卻因懶惰而成了廢鐵；一張犁貢獻了自己的能力而受人尊重，另一張碌碌無聞的犁卻被人冷落。要讓每個員工都保持積極向上的工作態度，則必須讓他們對工作感到自豪，即使是在沖廁所或是擦地板，即使是一些看起來是微乎其微的事，但實際上卻代表了一個公司的文化氛圍，就是通常所說的企業文化。

7. 讓每個人都肩負使命

九〇年代末，本田公司五十多歲的市川永次，被派到泰國本田汽車製造公司當社長。他做得怎麼樣呢？

本田公司川本社長說：

「你做得好啊！把渾身的解數都用上了！」

市川永次毫不隱瞞地說：「不過，一九九八年二月份的資金全用完了。流動資金缺十億泰銖，弄得只剩空頭票據和空保險櫃了。」

「好啊，你這傢伙！我們的子公司竟連一個月流動資金也周轉不了，連社長都慌了神，這種事也只有在你這兒能遇到了。你夠有本事的。還有啊，我在這兒給你買下一塊墓地怎麼樣？」

「社長，這可是您說的。在泰國是不允許建墓地的，將骨灰往河裡一撒就可以了。」

「是嗎？聽你這麼說我就放心了。不需要我再給你投資了吧？好，好！」誰都看得出來，川本社長是在誇他。

可誰知道他的苦心，在泰國，市川永次經常一天只有三、四個小時的睡眠。最終，市川永次取得了全面的成功，把公司推向了勝利。

公司是一個整體，是一盤棋，上上下下都是棋子，如何讓這些棋子都能起到自己的作用，這是企業管理人、指揮人指揮方略中的重點。要想把每個棋子啓動，就要讓每個人都肩負使命，這就必須做到因事設人：

＊**各就其位**。事業爲本，人才爲重，人事兩宜是用人的重要原則。人事兩宜有兩個含義，一是按照需要量才使用；二是要瞭解人，而且要徹底地瞭解，量才適用、適才所用。

＊**盡其所長**。高明的管理人總是根據人才的潛能、特長和品德，合理地使用他們，分配給人才使用的權力，必須足夠使其發揮作用。

＊**因人而異**。用人需根據人才的條件進行安排，人才發揮作用、建功立業也同樣需要有客觀條件，條件不具備時，人才就是再有才能，也是英雄無用武之地。

公司的每一個員工都是公司的一部分，他們唇齒相依，每個人都肩負著不同的使命，可謂是息息相關，「一損俱損，一榮俱榮」，在同一個團體裡，只有精誠合作，才能共用所創造的利益。

如果各自爲政，不互相體恤，最終每個成員的利益都會受到損壞。大到企業，小到家庭，這是放之四海而皆準的眞理！每個員工肩負的使命，就是如何工作才能把企業的效益提上去，爲了這個共同的理想和信念，請領導你的部下努力拚搏吧！

8.員工的利益就是你的利益

騎兵與戰馬，在戰場上一同出生入死。那個時候，因爲打仗，騎兵很重視他的馬，準備充足的草料，精心飼養，把馬看作自己的救星。戰爭結束後，騎兵開始虐待戰馬，只給它吃米糠，讓它馱木材、拉磨、耕田，十分辛苦。後來戰爭又爆發了，騎兵又騎馬去打仗，可是馬已經體力不支，累倒在地上。它對主人說：「平時你那樣對我，讓我漸漸衰弱成了驢子，現在怎麼可能讓我一下子從驢恢復到戰馬的水準呢？你還是走著去打仗吧。」

需要別人時，就對人好，一旦沒有了利用價值，就棄之不理，這種人的品質實在不高。這種行爲無異於過河拆橋，不給自己留退路，眞是自討苦吃。

在管理中，對待部屬可不能這樣，否則以後將沒有人會替你出力的，因爲你很苛薄、很自私！員工的利益就是公司的利益，這就必須讓主管知道，公司裡的每個人都是重要的，每一項工作都是重要的。所以要維護公司的利益，應先去滿足員工的利益，一個優秀的管理者，應該設定一些制度來確保員工的切身利益，如：

＊員工的薪水不能太低，太低會使人才流失。最好實行「底薪加浮動」的方式，使工作和效益結合起來。

＊尊重每一位員工的人格，不讓他們在心理上受到傷害。員工受到尊重，自然幹勁十足，不會產生疲軟狀態。尊重人才是企業的發展動力。

＊實行獎勵補償制度，如果員工生產超過定額，應該發給較高的獎金，增加員工工作的積極性。

＊絕不輕易裁員，除非他犯了很大的錯誤，否則流水式的裁員對公司有百害而無一利。

＊企業要設計合適的福利專案，完善的福利系統對吸引人才和留住員工非常重要，它是公司人力資源系統是否健全的重要標誌。

＊將現金性薪酬和非現金性薪酬結合起來運用。

＊適時縮短常規獎勵的時間隔離，保持激勵的及時性，有助於取得最佳激勵效果。

＊企業管理人員應重視對團隊的獎勵。

雖然員工的利益與管理者的利益之間，存在一種關係很微妙的博弈關係，但他們的根本利益卻是一致的。

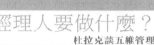

9.善待下屬，就是善待自己

兩個旅客遭受到太陽的炙曬。正午時，他們在一棵大槐樹下休息。一個旅客對另一個說：「槐樹眞是百無一用啊，既不能結果實，對人類又沒有什麼實際的利益。」槐樹非常生氣地說：「眞是忘恩負義的傢伙，你在我的樹蔭下乘涼，享受我送給你的好處，嘴裡卻說我毫無益處！」

槐樹本來給兩個旅客帶來陰涼，但結果卻遭忘恩負義的旅客說百無一用，這給管理者一個啓示：對待屬下員工，一定要善待他們，特別是功勞顯赫者，更不能忽視。善待員工就是要和他們多溝通、多給予獎勵，給他們良好的工作環境。作爲主管不能傲慢，更不能居高臨下。

一個企業需要上下一心、榮辱與共的精神，在激發公司員工上下團結一致時，一定要採取善待下屬的策略，以下幾點應該注意：

*善待下屬，領導人在行為上要表現出來，要讓下屬懂得你是為他們著想的；

*多參與員工們的活動，瞭解他們的苦衷，及時與員工們溝通；

*給下屬創造良好的工作環境，讓他們知道你處處體貼他們；

*認同下屬的表現，要向下屬表示讚賞，不僅要口頭肯定，還要適當加薪，讓他們知道你隨時在肯定他們的貢獻；

*容忍每位員工的個性與風格，使他作為一個活生生的人存在，不要把他們管理成僅會說話的機器。

*面對危機，企業領導人應做到指揮自如，並以自己穩如泰山的姿態，來穩定員工及其家屬的情緒。

其實，你爲屬下付出多少，屬下就會爲你付出多少，管理者不要以爲自己高高在上，自己想對下屬怎樣就怎樣，毫無顧忌，這種做法是行不通的。

有時，上級主管爲了維護自己的權威，拒絕聽從下屬的意見，可如果他們聽了下屬的意見，在工作中就會省掉許多麻煩、誤解和相互傷害，因爲顯而易見，上級的看法是錯誤的。

艾科卡從福特公司的經驗教訓中指出，領導者最主要的缺陷是居高臨下、獨裁專制的傲慢。在許多企業中一言堂、獨裁、居高臨下的領導作風，常常不斷出現。不稱職的

主管有諸多毛病，但居高臨下這個毛病最大，且世世代代屢犯不改。居高臨下的領導方法，來自於軍隊中上級對下級的吼叫命令。它表現了這樣一種情形：「我在這兒是老大，儘快搞清楚這點，對你有好處！」

因此，艾科卡指出，如果企業管理者將自己的好惡，作爲衡量下屬工作好壞的標準之一，這種做法實在是愚蠢的，這種居高臨下的做法，必然導致下屬人員的不滿，從而阻礙各項工作的順利實現。

有人認爲，在主管身上不存在「私」，只有「公」，似乎公私混淆是在普通人中間產生的。其實這種看法是十分錯誤的。企業管理者爲了鞏固自己的地位，否決下屬有創意的計畫是常有的事。在福特公司，亨利二世就是爲了避免艾科卡再度獲得像「野馬之父」這樣的美稱，多次否決了艾科卡提出的研發新車型的建議，結果使福特公司失去了廣大的汽車市場。可想而知，這是一場悲劇。其次，做到善待下屬也不是很難，只要平時細心一些，多體貼一下員工，這個問題就可以迎刃而解了！

這樣會增強下屬的主人翁感，減少被驅使的感覺，從而心悅誠服地按規定行事，有利於調動下屬工作的積極性。否則將會失去民心。

一個做大事的人，必定有寬闊的胸襟、坦蕩的心懷。在成就事業的道路上，一定會有許多坎坷，許多令人不痛快的事情。容人，是一種人格魅力，它將感染你身邊的人，從而推動事業的向前發展，反之，則會阻礙事業的成功。

爲了能夠更容易地捕獲食物，野驢和獅子締結了互助條約——野驢跑得快，負責尋找食物，獅子有力量，負責捕捉食物，二者結合在一起共同發揮作用。果然，它們很快就捕到了一份肥美的食物，由獅子來實施分配方案。它將食物分成三份，說：「我拿第一份，因爲我是百獸之王；第二份也應歸我，因爲這是我們合作方案中我所應得的；至於第三份嘛，我們可以公平競爭，不過你要是不趕緊滾開，把它讓給我，你恐怕就要大禍臨頭，成爲我的第四份美味了。」結果獅子把野驢趕跑了，以後他再也沒能找到肥美的食物。

野驢和獅子的合作，是有自己的道理的：獅子擁有實力，善捕捉獵物；野驢擁有速度，善尋找獵物，兩者結合，當然完美無缺。只可惜獅子爲了眼前的利益，不能容「人」，把野驢趕跑了，最終自己也吃不上肥美的食物了。

在企業裡，必須讓員工說話，不論他們說得正確與否。員工沒有發言權，就談不上

企業主管對員工的尊重，更談不上信任。員工的意見、批評、觀點乃至牢騷，如果沒有一個「輸出」的平臺，員工就不會有發明、創造的激情。

容人還表現在不計怨仇上。在企業裡，什麼都以企業爲前提，因才而用，不能因個人原因而壓制某人。

容人也要付出。必要的物質需求，應盡力滿足員工，特別是那些有專門技術的人才。

「愛之深，責之切」，雖然有的職工對管理者有很多抱怨，有時由於衝動，或許會令管理者難堪，其實這都是員工對管理者的期望而已，並不是出於功利的目的。所以，管理人員應對這些事情不要放在心上，容人也是一種優秀的品質，可以讓人心悅誠服，忠心耿耿的爲自己辦事。

10.溝通是雙方心靈相印的特效藥

企業經理人在進行管理時，也應跟下屬員工多進行溝通。

企業管理的中心是對人的管理，人與人之間雖然職務不同，但在人格上都是平等的，只有在平等的基礎上管理、在平等的基礎進行溝通，才能激勵員工貢獻出聰明才智。所以，企業主管要放棄一切形式上或實質上的特權，穿上工作服，和工人一起上班、一起用餐、一起娛樂，去共用一切，這些都是溝通的手段，你試試看，員工肯定會接納你的。

個人式溝通一定要記住以下幾點：

＊一定要身體力行，不能採取傳達的方式，親自出手比任何人代替都要好十倍，這一點說起來容易，但堅持是最難的。

＊個人式溝通在時間上要多安排，不能僅在一個大的場合隨意做一個形式。

＊如果能在個人式溝通中，帶一些鼓勵的話或獎勵，效果會更好，這會使員工很受感動。

＊個人式溝通要放下管理人的身段，要拜能者為師。

這世界根本沒有十全十美的東西，人也是如此，有些人可能在某一方面優秀，在另一方面卻可能毫無建樹，這是無可辯駁的事實，因此，管理人員與下屬員工必須進行溝通、互通有無，以達到共同學習、共同進步的目的。溝通還可以減少兩者之間的衝突，以達到「把衝突扼殺在搖籃裡」或把損失減少到最低程度。

世上追求完美的人很多，有人幻想能擁有全部的優點，一旦發現別人的優點自己不曾擁有，就非常消極，抱怨自己的命運不好。其實這是沒有必要的，天神是偉大的，也是無私的，他對每個善良的人都是公平的，就像孔雀和夜鶯，孔雀有天下最美的羽毛，夜鶯卻有迷人的歌喉。每個人都不應該有自卑的心態，或者總是極力掩蓋自己的弱點，這些都將造成互相溝通的困難。溝通是管理的濃縮，在現代企業管理中，要想運行一家成功的企業是相當不易的，不僅要與員工溝通，還要與顧客、社會上各階層的人溝通。山姆．沃爾頓在這方面可算有獨到的見解。在一次記者訪談時，他粗略地歸納出他如何管理公司的十大原則：

＊以全部的熱忱投入你的工作，比其他任何人都擁有更多的對工作的激情。

＊讓你所有的下屬分享你的利潤，把他們當成你的夥伴。相應地，他們也會把你當

成他們的夥伴，在所有的人的精誠合作下，你們所取得的業績，肯定會完全超出你的想像。

＊激勵你的夥伴們，純粹的金錢和股票所有權並不足以達到激勵的作用，情感的激勵會得到意想不到的效果。

＊和你的下屬們交流任何可能交流的事情，讓他們知道得越多，他們就理解得越深刻。

＊讚賞你的下屬爲公司所做的一切，一張加薪支票或者是股票所有權，都可以換來一定程度的忠誠。

＊慶祝你們的成功，與員工們共用成功的喜悅，使自己完全融入他們之中，讓員工不當你是管理者，而是朋友。

＊認眞傾聽你所在公司的每一個人的談話，同時也千方百計地找到讓他們開口談話的辦法，讓他們暢談心中所想。

＊超出顧客的預期。如果你能夠不時地給顧客以驚喜，他們就會一次又一次地光顧你的生意，注重培養「回頭客」，因爲他們將是最忠誠的顧客。

＊比你的競爭對手更好地控制好不必要的支出。這也是一種競爭優勢，但對下屬的

獎勵卻不要小氣，人是財富的來源，人才決定一切。

＊力爭上游，走不同的路，拋棄一切陳規陋習和過時的智慧。自己隨時都應保持一種積極向上的精神狀態，這樣才能激勵自己的員工，雖然「環境決定一切」太過於誇張，但環境和自己的帶頭作用卻不容忽視。

國際上著名的跨國商業公司——沃爾瑪的創始人山姆認爲，如果把沃爾瑪的管理制度濃縮爲一個詞，那就是「溝通」。對一家大公司來說，溝通的時間怎麼多都是應該的，如果缺少溝通的時間，那麼上下級之間的交流管道，就被無意之中阻塞了，從而造成資訊不通暢，導致決策的失誤，或是不完全符合時機。因此，溝通的重要性怎麼強調都不算過分。

每年，公司在電腦及衛星通信上花費數億元，山姆及各位主管每周幾天乘飛機視察各店，所有這些都是爲了溝通。在沃爾瑪每家分店，經理和部門主管都知道與他們的店有關的數字，從而始終知道對自己的經營狀況及其需要有清楚的瞭解。

由於分店數量太多，每個店的各部門主管無法與總部的供應商代表充分溝通，於是公司按部門舉辦研討會，從每個區都選一位主管，集中到本頓威爾與總部採購人員溝通，再與供應商代表交換對產品優缺點的看法及下季度的計畫。這些部門主管回去以後，再與附近商店的主管們分享資訊。

沃爾瑪公司就是這樣一步一步走向全世界，隨著雇員人數的日益增長，創始人山姆在溝通方面付出了更艱辛的努力。在二〇〇一年，《財富》雜誌公佈了美國最有錢的人士的名單，這使得每個人都很清楚山姆先生像比爾．蓋茲一樣富有。

其實在管理當中，所有激發人們積極性的努力都是重要的，溝通乃是「重中之重」。成功的溝通，關鍵在於做一個有心人。溝通的方式很多，最好是少一些不必要的繁瑣的文件，不是說文件不重要，而是文件多了，實際的行動就少了，何不採取實際行動，多一些真正意義上的批評和激勵，刺激員工努力地做好工作上的事務，這比無數的沒有實際意義的文件溝通要好得多。

11. 慎用手中的權力

我的朋友——管理大師艾柯爾認爲，要想使溝通取得好的效果，主要取決於權力運用水準的高低，同時，權力運用要取得比較好的效果，就必須明確權力運用原則，這是權力運用的生成與實現的必備因素之一。爲此，他總結出了權力運用的七個原則：

1. 謹慎使用權力　管理者雖然大權在握，但一定要謹慎使用，權力寧可備而不用，也不要輕易向人炫耀，更不可濫用權力。管理者在運用權力時，要做到三戒：一戒以權謀私；二戒以權徇私；三戒義氣用權。

2. 遵紀守法原則　管理者在運用權力時，一定要熟知相關法律。沒有法紀的保證，管理者就很難正常開展領導活動。執法本是管理者的責任和一種權力，但法律和紀律面前人人平等，管理者要模範地遵紀守法，絲毫不能例外，這也是正確運用權力的前提。如果管理者置法紀於不顧，以權代法，以權代紀，那只能失去自己的尊嚴、失掉自己的威信，最終會失去自己的領導權力。

3. 講究實效（效用原則）　管理者運用權力，必然會產生其應有的效用。要想取得好的效用，必須要掌握權力發揮效用的最好時機。一般來說，強制性權力發揮效用的最好時機，不一定是在實際行使之時，往往是在強制性權力行使之前。因此，運用強制性權力時，應採取事前誘導、宣傳教育或事先警告等手段，讓下屬知道管理者提倡什麼、反對什麼，什麼是對的、什麼是不對的。

使下屬形成對主管的敬畏感、崇敬感，對促進人們自覺行動和預防越軌行爲作用更大，比發生問題時行使懲治權效用更好。

同時，要善於利用影響力來推動工作，依靠影響力去加強工作。

4.對下屬儘量以發問代替命令　只會發號施令的管理者，自以爲很權威，實際上並沒有得到下屬的認可，反而會扼殺下屬的創造性和進取心。以發問的方式布置工作，以商量的口吻下達任務，往往比簡單地下命令有效得多，它可以激發下屬一些不尋常的創意和有價值的建議，而且能使下屬在平等友好的氣氛中，愉快而自願地接受指令，並竭盡全力去完成任務。

5.運用強制性權力要果斷堅決　在原則問題上或遇到緊急情況時，管理者使用權力必須果斷堅決。下屬一旦違反紀律，要不顧親疏，不徇私情，不因人而異，堅決懲處。如果沒有這種權力，就會在轉瞬之間造成重大災難，或全局性的損失和失敗。懲罰違犯者要把握恰當的時機，一般地講，懲罰違犯者的最好時機是：事實眞相弄清，主管激憤消失，錯誤尚未擴大，部下記憶猶新。要「冷」處理，但也不能一拖再拖，到頭來不了了之。

6. 恰當運用獎勵權　領導幹部要恰當地使用獎勵權，去激勵下屬或群眾的進取心和創造精神。使下屬認識到，如果能夠服從管理者的意願並做出相應的貢獻，就會受到獎勵。獎勵要拉開檔次，對做出重大貢獻者應給予重獎。獎勵最好採取公開的形式，還要防止隨意亂獎。獎勵一定要適當，該獎則獎，不該獎的一定不能獎。

7. 實事求是　管理者是一定範圍內事業發展的能手，在行使權力時，如果不實事求是或決策錯誤，其影響面及損失同普通群眾大不一樣。如獎懲過當、表揚批評失當，會招致相反的結果；再如，不顧主客觀可能性提高指標、加快速度，會打擊下屬的積極性。只有實事求是，才會得到被管理者的信任和擁護，權力的運用才能被客體接受，從而產生下屬行動的信念，形成事業前進所需要的巨大力量。

12. 薪酬自助餐

激勵機制的目的，就是最大限度地讓人發揮自身潛能，努力負責的員工靠薪資報酬養家餬口，也得到了個人成就感上的滿足，企業則憑此吸引和留住所需人才，使組織得到發展，合理的薪資報酬，有助於創造員工和企業共同成長的雙贏局面。然而，薪資報酬絕非單純的激勵因素，它還構成企業必不可少的生產成本。薪酬過高，成本上升，影響企業的市場競爭力；薪酬過低，一方面難於配置保質保量的人力資源，另一方面是員工的不滿懈怠，因而造成其他方面的成本上升，總而言之，制定出合理的薪資報酬制度，對企業有重要的現實意義，是企業正常運轉的必然要求。

今天，高薪已幾乎成爲所有求職者追逐的目標。的確，在強調知識經濟、知識資本的今天，高薪體現了企業對於知識、人才的充分理解與尊重；另一方面也說明了企業良好的發展前景和競爭實力。

反之，企業薪酬水準過低，則必然在人才爭奪戰中處於劣勢，甚至企業內部員工也會因其他企業高薪的誘惑而另謀它就。因此，企業以高薪的形式保持對優秀人才的吸引

力是必要的。

但是，企業也不可能對所有的員工給予高薪，且高薪必然有其限度，因爲正如前文所說，薪酬是企業不可忽視的成本要素之一。至於究竟應將本企業的薪酬設置在哪一個檔次，要視本企業的財力、功能特徵、所需人才的可獲得性來綜合考慮。

同時，對公平的追求可能是決定薪資制度最重要的因素，這裡提出兩種類型的公平：外部公平和內部公平。所謂外部公平，就是同其他組織的工資水準相比，你支付的工資必須是優厚的，否則你會發現難以吸引和留住優秀的員工。所謂內部公平，是指和組織內其他人所得到的工資相比，應讓每位員工認爲他或她的工資是公平的。一些企業的管理人員，爲瞭解員工對企業報酬體係的意見和看法而進行調查，這些調查記錄的核心問題，包括：「你對拿工資的感覺怎麼樣」，和「當你的工資降低時，你認爲是什麼原因造成的」，以及「你近來的工資爲什麼得以增加？」。

在實際操作中，當考慮到內部和外部公平的情況時，確定工資的過程包括以下幾個步驟：

1.就其他企業爲類似職位所支付的工資情況，作一次調查（確保外部公平）；

2.透過職位評價，確定組織中每個職位的相對價值；

3.把類似的職位歸併爲一個工資等級；

4.透過工資曲線，確定每個工資等級的額度；

5.調整好每個工資等級中的級差。

鑑於許多部門和企業，在分配方面發生的各種各樣的變化，人們普遍認識到，以往所遵循的、傳統的報酬措施，正在逐漸變化，並將在未來表現出很大的不同。因此，在設計基本薪酬制度時，務必把握好以下原則：

1.同工同酬原則。這是公正的薪資制度應具備的首要條件。

2.簡單、實用、普遍性原則。薪資制度、計畫應考慮實際人力狀況，以簡單、實用、普遍性爲原則，避免理解困難，實施複雜，產生難以控制的現象。

3.薪資應有助於提高員工的工作積極性。合理、公平的薪資制度應具有激勵作用，努力做到員工的報酬多少，完全由本人的能力和績效決定。能力越高、工作越出色，得到的報酬應越多。

4.注意薪資與人際和諧、歸屬意識的關係。如果把員工對工資的要求水準，和馬斯洛的「需求層次論」對應，就可表現爲下列五個層次：

①對滿足生存的薪資的需要。

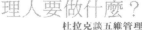

②對增加工資體係中的固定收入部分的需要。

③對取得同事間的公平薪資的需要。

④作為與自己的能力和工作相稱的地位的象徵，要求取得高於別人薪資的需要。

⑤要求能過更富裕生活的工資的需要。

透過薪金制度的設計，可以為用人單位科學地組織生產工作，根據需要調節勞動力結構、有目的地培訓員工提供重要的技術依據，有差別的薪金制度，可以給員工希望、激勵員工的勞動積極性，從而可以獲得更高的工資和地位。

美國學者特魯普曼在其著作《薪酬方案》一書中，將薪酬細分為五大類、十種成分，並以「薪酬等式」的形式表現出來：

TC＝（BP＋AP＋ID）＋（WP＋PP）＋（OA＋OG）＋（PI＋QL）＋X

TC＝整體薪酬。

BP＝基本工資。

AP＝附加工資，定期的收入，如加班工資，還有分紅、工作績效獎勵。

ID＝間接工資，福利。

WP＝工作用品補貼，由企業補貼的資源，諸如工作服、辦公用品等。

PP＝額外津貼，購買企業產品的優惠折扣。

OA＝晉升機會。

OG＝發展機會，包括在職、在外培訓和學費贊助。

PI＝心理收入，雇員從工作本身和公司中得到的精神上的滿足。

QL＝生活質量，反映生活中其他方面的重要因素。

（如上下班便利措施、彈性的工作時間、孩子看護等）

X＝私人因素，個人的獨特需求（如：我能帶狗一起來上班嗎？）。

石油公司根據上述不同的薪酬以及員工不同的需求，實行雇員薪酬方案定制化。

根據雇員不同的需求，來安排以上十種薪酬成分的比重，一個員工對應一個薪酬組合。比如某個員工對額外津貼不感興趣，那麼他可以放棄額外津貼這一部分，而挑選能讓他感興趣的部分，諸如生活質量（減少每周工作時間，或者早晨可以在家辦公）；再如，某個員工不需要醫療保險（因爲他的配偶的保險已經將他包括在內），他就可以把這份原本用於醫療保險的薪酬，轉換到其他方式上去，比如增加基本工資；還有，某個員工可以選擇高工資，放棄一些事後的獎勵，而某個員工選擇低工資，希望年底多一些分紅……

由於激勵原理簡單，激勵手段多樣化，薪酬自助爲公司省下了不少的成本，而且員工們也都十分滿意。

抽出兩天的時間，重新考慮一下現在公司的薪酬體係，劃分仔細每一樣標準。然後詳細地制定你的薪酬自助餐，要注意確立以團隊爲基礎的獎勵概念，而且一定要有員工的參與。雇員薪酬方案黑箱操作的做法，越來越得到員工的厭惡，自助薪酬方案突出的就是內容的確定，如同在餐廳吃自助餐一樣，根據自己的口味，選擇自己喜愛的菜肴。同時還要有一定的透明度，允許員工公平競爭。

13.用不同的辦法對待不同的員工

新力公司音響事業部負責人說：

「所有的職員都要發揮他自己的作用，如果想要降低現有產品的成本或改良製造方法，就讓經驗豐富的老工程師去完成；如果設計具有新功能、價格貴的新產品，那就放手讓新手去作。」人盡其才的制度，使得新力公司充滿活力、人才輩出，不斷有新產品問世。現在，新力公司在新產品開發方面，是全球效率最高的企業之一。

在管理實踐中，我們要區分根據人才的不同特點與具體情況，採用不同措施和做法，最大限度地發揮企業能人在企業發展中的作用。

——對那些驕傲自大、經常提反對意見、不討人喜歡的能人：管理者要大度，不計較細節，讓其講話，並不帶偏見地想想他的話是否眞有道理。若是，則按他的意見辦。也可同時批評他的驕傲情緒。

——對那些自認爲懷才不遇、尙未被人們認可的員工：管理者可採取逐漸滲透的辦法，讓人們逐漸認識他們的長處和成果。給機會讓他們顯示其才能，以業績讓人們信服。

——對那些興趣廣泛有很強事業心的員工：管理者可採取多調他去幾個職位或單位工作的辦法，讓他們有機會發揮多方面的、更大的作用，調動他們接受挑戰、多出成績的積極性，培養其勝任大單位、大企業的領導職務的基本素質。

——對那些年紀輕又很有開拓精神的員工：管理者應該安排他去較困難的地方鍛鍊，看他們能否開創局面，肩負起更大的責任。如果有可能，還可以爲他們創造條件，讓他們去開創新的事業。

——對一時能力沒有發揮出來的能幹的員工：管理者應該讓他學會適應不同環境下工作處事的本領；也可變換一個地方，爲他們創造能顯示自己本領的機會，給他們從另外的角度，審視自己的空間。

——對品德方面有缺陷的能幹的員工，我們可以讓其在利於加強品德教育的職位工作，避免他在有缺陷的弱勢方面越陷越深，或爲其選派強有力的副手或素質好的直接下級員工，既可協助其工作，同時也使他在好的環境下，潛移默化地改掉缺點。

——對犯有錯誤的能幹員工，要進行善意的教育，讓他們眞正感到錯了，有痛改前非、重新做人的願望，同時讓他們感到還有機會；對那些錯誤特大的能人，也可以根據實際情況給予降職、監管使用，給其立功贖罪的機會。

14.如何對待惹麻煩的團隊成員

正所謂「金無足赤，人無完人」，每個人都有犯錯誤的時候。

可是非常不幸的是，我們大部分人都以錯誤爲恥，但生爲凡人，焉能無過？所以問題不在於「有沒有出錯」，而在於「出錯時怎樣處理」？我要我的學生把**MISTAKE**（差錯）一字分開成**MIS-TAKE**，這時，我們對這個字的感覺就不一樣了。一部電影要好幾百個「鏡頭」（takes）才能完成呢，因此，「失誤鏡頭」（**MIS-TAKE**）不是恥辱，只是不能用的鏡頭而已。

大部分人都想掩飾過錯，但是，若把過錯看成是失誤的鏡頭，就可以坦然和別人分享錯誤的經驗，並加以學習了。

著名的發明家愛迪生爲了發明電燈，做了上千次失敗的實驗。有人問他，這上千次失敗的實驗有什麼意義呢？愛迪生回答說：至少它們讓我明白了，這幾千種方法是行不通的。

你瞧，錯誤的意義就在於此。許多人一面對工作及生活的困難和錯誤，就會變得心

煩意亂、脾氣暴躁。殊不知，錯誤正是上帝帶給你的福音，在你還能承受之前，發現了錯誤所在，這不是天大的運氣嗎？

有人將他們處理「失誤鏡頭」的辦法告訴了我。一天中發出最多「作廢」發票的收銀員，會得到一頂皇冠，還有「作廢王」的封號。這是他們在工作繁忙中苦中作樂的法子。

我甚至建議公司，可以每周選個「錯誤王」，拿最大的那個錯誤來開開玩笑。這樣不僅能創造一個分享和學習的氣氛，也容許員工有機會承認錯誤，並且改正錯誤。這樣總比一開始遮掩錯誤，直到氣沖沖的顧客找上門來才揭穿要划算得多。其實，差錯若是及時修正，而且用些創意，不僅主顧皆大歡喜，而且更能造就一個有價值的員工。

當然，要主管輕鬆看待下屬出錯，並不容易。不過，我發現，企業若能包容員工犯錯，進而鼓勵員工坦誠說明，到頭來，員工犯錯的次數反而會減少；因爲他們是在支持、包容的環境裡工作，而不是恐懼。我們現在生活在「授權時代」，許多有見識的主管都願意授予下屬權力，卻未能包容他們犯錯。你若能既授權又包容，員工會覺得受到了尊重，企業的利潤一定會隨之上升。

首先，你應該利用開會的機會，糾正這些不良的行爲。如果某個人誇誇其談，並占用了整個討論時間的時候，試著說：「海倫，你已經提供了很好的建議和很多的貢獻，我希望能聽到其他團隊成員對這個問題的想法。」使用這種方法，關鍵在於應該是直接的，而且是機智的。

第二種方法是，與他個人進行公正率直的交談，透過私下交談的方式，與之討論其個人的行爲。舉例來說，如果一個成員在開會討論時很少發言，你可以在會議召開之前靠近那個團隊成員，對他說：「查克，我眞的很需要聽聽你對這個問題的看法，是什麼原因讓你不想貢獻你的意見呢？」

第三個可選方法是，利用團隊中的非正式主管——那些由於知識和經驗的豐富而受到團隊成員尊敬的人們。這些「主管」能幫助你，如果你請求他們進行機智、圓滑的調停的話。

最後，你可能希望周期性地進行團隊發展的自我分析，並把消極的團隊行爲放到桌面上，進行認眞的討論，以促使該團隊改正。

下面列舉四類經常遇到的、可能有害於團隊成長的、惹麻煩的團隊成員的表現，此外，也包括了引導這些人改正不良行爲的技巧。

嘮叨會混型

這種人經常在發表評論時離題，或者是採用很差的、無效率的表達方式，經常舉用與自己的觀點很不相關的例子。

引導者的矯正辦法

- 在這樣的團隊成員發表意見之前，提醒他：「比爾，由於時間有限，請給大家一個簡短的總結意見，二十個詞或更少。」
- 當他停頓時，說：「謝謝你，比爾，但我們需要回到會議的議程了。」
- 不要讓這樣的人擔任小組領導的角色。
- 考慮讓這樣的人擔任記錄員，以此減少和避免他因漫無目的地漫談而浪費時間。

固執己見型

這種人是指那些固守和難以改變自己的意見和主張，也不願考慮其他可行的替代方案的人。

引導者的矯正辦法

- 應用「提示」或「暗示」進行共識建設。
- 用事實說話。
- 協助和支援團隊其他成員。

- 讓固執己見者有臺階可下，接受其他可選擇的方案。

木乃伊型

這種人在討論中，從不主動積極地參與，其動機可能是各不相同的。從屬地位的情結，對問題或過程的不理解和迷惑，或者傲慢、自以爲是的性情，都可能是形成木乃伊型的誘因。

引導者的矯正辦法

- 耐心。
- 使用準備、熱身練習，讓木乃伊型的人擔任主要的角色。
- 如果你知道他（或她）對某個主題有經驗的話，直接對他（或她）提出問題。
- 設計這些人作爲小組的引導者。
- 如果你能澄清過程，或者小組內某些人能有助於闡述清楚問題的話，向這個團隊成員提問。

誇誇其談型

這種人喜歡太多地評論和試圖控制整個討論進程，他（或她）也傾向於在討論每個問題時首先發言。

引導者的矯正辦法

- 建立過程以限制誇誇其談者的討論，例如：發給每個人一枚五分的硬幣，它表示在這個問題上每個人的評論僅給五分鐘時間。
- 透過點名的方法，將問題交由其他人來發表意見。
- 使用肢體語言和非有聲語言，如：不直接的目光注視、關注會議室的其他部分。
- 不要讓這樣的人擔任小組的領導角色。

15. 公司活動樂無窮

促進團隊內成員交流的最好方法之一是開展活動。一次特殊的活動，不僅能夠加強不同地點的員工、經營階層的聯繫，還能促進員工的工作和他們的家庭的聯繫。

成立「啦啦隊」

在公司各個單位選一些人，組成「啦啦隊」，爲整個公司打氣加油。

科羅拉多州安格塢一家醫療用品廠商——柯垂爾公司，要每一單位選出一個人，擔任「士氣領隊」，組成全公司的「士氣指導委員會」。

委員會彙集各單位的意見，擬出了他們的成立宗旨：我們的責任是加強人際溝通，鼓勵團隊合作，激發昂揚的士氣。

我們會主動籌劃活動、解決問題、提供意見，以支援整家公司及每一個人。

每次公司大會時，他們都會提出報告，像製作月曆、改善溝通、舉行聚餐、便服日等等。他們也把成立委員會的宗旨，印發給公司裡的每一個人。

這樣的「啦啦隊」的組建，可以從公司內任何一個人、任何一個小組開始，這些領隊者可以激發他所在小組成員工作士氣中的「微笑因子」。

鼓勵聯誼活動

遇到節慶、特殊成就日等情況，公司更應該慶祝一下。工作場所內彌漫著節慶的氣氛，能將歡樂感染給每位員工和顧客。

聖路易市的光譜保健服務公司，遇到節慶一定大肆慶祝一番。他們的做法通常是在員工上班前，就在他們的桌面擺上一樣小東西。例如：

- 「摯愛」胸針——情人節
- 一包綠色爆米花——聖派屈克節
- 舉辦「猜猜看」遊戲，把主管的嬰兒時期的照片列出來，要員工猜猜看哪一張是誰——復活節
- 低脂冷凍乳蛋糕——國慶日
- 化妝比賽、雕南瓜大賽——萬聖節
- 聚餐，每位員工攜帶一樣拿手菜——感恩節
- 聖誕舞會——耶誕節
- 每位員工生日時，桌上或門上會有三個氣球，員工生日及公司周年紀念日，都會

印在公司的日曆上。他們甚至還有「大掃除日」，一年舉辦兩次垃圾回收、垃圾大賽、清潔比賽等等。掃除日當天，員工可以穿著休閒服上班，他們還請人來教大家符合人體工學的正確坐姿，打字、提物方式。

有些我合作過的機構，高級主管會主動請員工吃東西——咖啡、雪糕、甜甜圈、爆米花、糖果、小蛋糕——或是慶祝業績，或是表達謝意。有些高級主管親自把東西送到員工面前，辦公室的工作士氣絕對會不一樣。

公司內的部門、單位或是小組，可在午休時舉辦主題派對，大家聯誼，同樂一番。其他如壘球比賽、停車場上的野餐、下棋比賽，甚至民族菜肴大會串，都可以用來作爲不同單位每月聯誼的主題。這樣不僅可以聯絡情誼，也可以改善各單位間的溝通，其效果一定會反映在生產力上。

同樂、聯誼的活動，不僅能增添團隊的融洽，更能激發出無限的創意。所以在規劃活動時，千萬不要因循守舊，不要忘記多求變化，也不要對員工提出的新點子橫加干涉，同時還要顧及不同的信仰、文化習俗及節慶。

在團隊中傳播熱情

不要忘了，我們創造各種「樂無窮」團隊活動的目的——那就是創造輕鬆，更要創

造熱情。

我個人相信，熱情是工作精神最重要的元素。只要熱情被激發出來，即使是不太想做的事，也都能做得到。

你難道不曾因爲老師教學的熱忱，而學會了你根本不想學的東西？部門的主管若是對工作抱有極大的熱情，它同樣會感染每一個人的。不過，這種熱情傳染病倒不必非得由上層人員開始。即使是一名小小的職員，若對工作有很深的使命感、責任感，他的熱情也會激發周圍的人發揮最大的能力。因此，人人都可以是熱情傳染的病源。

有些人有幸可以做自己愛做的事。即使沒有錢拿，我還是很樂意將我的想法和知識與別人分享，因爲我有著很強烈的使命感，希望協助世人看清我們所能帶來的改變。然而，還是有人做的不是自己愛做的事，他們甚至還可能覺得自己被困住了。

所以，這中間的挑戰，就是找出你自己的熱情——你的工作中，有什麼事情是你喜愛的呢？或許是你可以自由決定一些事；或許是和你來往的人；或許是你只需要和數字打交道；或許是身邊的事情都可以井井有條；或許是可以寫一點文案；甚至就只是一天下班的時候，工作多少有點結果。

熱情在你的工作場所中傳播開來的時候，你就會看見大家更認眞工作，更喜愛工作，更認同自己的工作。有一個播下熱情種子的特殊方法，是指派機構內的單位或小團體，在聚會中表演趣味短劇。

阿爾泰克斯國際公司是家專門生產高級桌布、餐巾的公司。每年六月都會舉行一次全公司的品質動員大會。會中，公司內的不同團體要用三大品質要求的主題，表演趣味短劇，這三大品質的要求是顧客滿意、同仁參與、流程改善。每一組依當時分配到的品質問題，演出相關的短劇。有些短劇很有創意，如：「工作傳單傳令兵」（傳單的流程有問題）、「天衣無縫」（有時餐巾送出去時，中央有一條大縫）、「自尋短路」、「接觸不良」（顧客退貨時會有問題）等等。

克萊里昂旅館每個月的動員月會，都有一個部門負責演出「優秀服務／拙劣服務」的短劇。

短劇表演最好是人人有份，也必須和你們主張追求的項目有所關聯。一般人都喜歡創造、喜歡笑——只要有機會。「上臺」秀一秀，更可以激發每個人的童心。比較害羞的人，就得靠外物多幫忙了，像道具或是音響。也不要忘記用攝影機錄下來，留作紀念。

第四維　橫向管理——管理你的平級同事
Part 4

是不是一個職業經理人在職場中，有了優良的個人素質和出眾的自我才能、老闆的絕對信任和充分授權，以及下屬員工的積極合作和默契配合，就一定能取得出色的業績呢？事實並非如此！聰明的你也許會疑惑不解，卻又不知道問題出在哪裡。那麼就讓我來告訴你吧！

其實，在你的公司裡，除了你的老闆、你自己、你的員工，還有「一維」也需要你關注，那就是你的平級同事！具體點說，假如你是公司的銷售經理，那麼財務經理的個人偏好、人事經理的喜怒哀樂，還有產品經理的工作習慣等等，所有與你位於一個級別的同事，你能說他們的一言一行，會與你的工作成就毫無關係嗎？如果有人跟你強調，作爲部門經理，只要做好所在部門的份內之事，做大部門業績就可以了。那麼，我將坦誠地告訴你，看了下面的故事以後，你會發現這種想法是何其幼稚與可笑！

喬是因爲他在公司人力資源部培訓中心的踏實肯幹與勤奮刻苦，而被提升爲中心的副理的。在培訓部的時候，喬的工作主要是根據各部門的培訓需求，制定相應的培訓計畫，並在培訓開始後，安排各項培訓當中的具體事宜。當然，所有培訓開始後的後續工作，都將體現在喬的工作計畫裡。當計畫制定出來後，喬的任務就是把它提交給當時的中心副理特助，而後由特助去通知公司裡其他部門的經理，組織員工參加培訓。

現在，喬坐到了特助的位置。當他拿到下屬遞交給他的培訓計畫，並透過了上級的批復後，他的工作就是通知公司其他部門的經理了。於是，喬拿起了電話。

「喂，是銷售中心的傑瑞先生嗎？」

「是我，請問您是哪位？」

「我是人力資源中心的喬，我想告訴你，人力資源中心這周六有一次關於緩解工作壓力的培訓，請你安排你們中心的人參加吧。」

「哦，很抱歉，喬先生，我們中心這一兩周正在做公司新接的那個大專案的客房推廣，所有的員工周末都要加班啊，我們恐怕參加不了。」

「啊，可是，我們是按照你們上個月提交的培訓需求來安排的啊，培訓師都請好了，總裁卡恩先生也同意了這項培訓的啊。」

「可是我們眞的參加不了，總不能爲了參加培訓而錯過公司的銷售商機吧？不好意思，有客户來，要不讓別的部門參加吧，再見，喬先生。」

「啪！」銷售經理傑瑞掛斷了電話。喬感到很不愉快。雖然銷售經理的態度讓他很不滿，但不管怎麼樣，銷售畢竟來得更重要一些。無奈之下，喬又撥通了研發部經理安妮的電話。安妮同意了喬的安排，表示會組織員工參加，但隨後接到喬電話的財務經理、行銷經理，卻又都提出了和銷售經理傑瑞同樣的意見，表示都因各自部門有安排而無法組織人員參加，或者最多只能調出一兩位員工接受培訓。而這些，都與喬最初的期望相去甚遠，喬很不明白，倒底是哪裡出了問題，以致會發生這樣的狀況呢？

上面的故事，我是從一次朋友聊天中聽到的。我們且不去尋找喬的工作陷入窘境的原因，我在這裡只是希望所有看到這本書的人明白，如果沒有你的橫向同事的配合，哪怕你只是想做好自己的份內工作，那似乎也不是一件容易的事。所以，在這一章裡，我就來和你來討論一下職業經理所要掌握的第四維管理——橫向管理。

1.快把你最短的木板接長吧！

曾經有人提出這樣一個問題：一只木桶的盛水量取決於什麼？或許對於這樣一個問題，你會有點莫名其妙，這種問題的答案是唯一的嗎？不錯，這個問題確實太過不確定。可是，要是我告訴你，那個人想問的是，一只木桶的盛水量，是由被捆成木桶的最長的一塊板決定的，還是由最短的一塊板決定呢？那麼，你或許就明白多了。是的，常識告訴我們，一只木桶的盛水量，並不是由組成木桶的最長的那塊木板決定的，而是由組成木桶的最短的那塊木板決定。不錯，我在這裡說的，正是管理學中有名的「木桶原理」。

如果我把你所要管理的那四個維度，比作構成木桶的四塊木板，而你的業績就好比這只木桶裡盛的水，那麼，我想聰明的你一定已經明白我想要表達的意思了。對，為了提高你的業績，你所要關注的並不是那三塊比最後一塊長的木板：你的能力已經足已應付你目前工作的需要了，你的老闆也對你很放心，你手下的員工也覺得，在你手下做事是一件比較愉快的事情；相反的，你的當務之急，正在於趕快把你最短的那塊木板接長：改善與你同級同事的關係，讓他們覺得，能夠與你合作是一件很開心的事情。

也許你會說，我跟我同級同事的關係很好啊，那才不是我最短的木板呢！也許你說得對吧，但我敢跟你打賭，對於大數的職業經理人來說，這正是他最短的那塊木板。因爲在我所接觸過的公司中，至少有80％以上都存在著部門合作困難、甚至部門衝突的問題，對於那些企業的職業經理人來說，似乎很有必要趕快去提高橫向管理的能力，因爲這不僅會影響到公司的總體業績，也會影響到他個人的業績。

2.大雁法則的啓示

「木桶原理」告訴了你進行橫向管理的重要性，那麼，你到底應該如何進行橫向管理呢？是不是有一些原則需要你關注的呢？答案是肯定的。下面所談到的「大雁法則」，講的正是你在處理你平級同事關係的過程中，所必須要關心的三個方面。

麥吉爾大學的瓊斯博士，曾經從社會學的角度，對大雁進行了研究，發現大雁具有很強的團體意識，最後，他對他的研究結果進行了概括，總結了如下的「大雁法則」：

第一、每隻大雁在飛行中，都努力拍動翅膀，爲跟隨其後的同伴創造有利的上升氣流。這種團隊合作的成果，使集體的飛行效率增加了70%。這就要求公司裡的各部門經理，必須共同「拍動翅膀」，齊飛並進。

第二，隊伍後邊的大雁不斷的發出鳴叫，目的是爲了給前面的夥伴以激勵。大雁們誰也不想有同伴掉隊，這或許是由於長期相處積累了感情，但更主要的原因還在於：如果有同伴掉隊，那麼整個大雁隊伍的飛行力量就會下降，剩下的大雁抵達飛行目的地的機會，也就隨之下降。所以，爲了使你也能夠達到你事先定下的目標，完成你所在部門的業績指標，有時候你也需要像大雁一樣，給你的平級同事以幫助，因爲道理很簡單，幫助他們就是在幫助自己。

第三，不管群體遭遇的情況是好是壞，同伴們總是會相互幫忙。如果一隻大雁生病或被獵人擊傷，雁群中就會有兩隻大雁脫離隊伍，靠近這隻遇到困難的同伴，協助它降落在地面上，然後一直等到這隻大雁能夠重回群體，或是直至不幸死亡後，它們才會離開。幫助弱者，也是人類的天性，因爲弱者已經對自己不再構成競爭與威脅。因此，在這個方面，人類與大雁的行爲是一致的。

所以，這條法則告訴你的是，從你的同事那裡獲得幫助的方法：在你的同事面前，你可以擺出一副弱者的樣子，讓他們把你的名字從他們潛在競爭對手的名單中劃去，那麼人類的天性將會使得他們更願意幫助你完成你的工作。

3.從認清自己的目標開始

在你開展橫向管理的過程中，很重要的一點是，你需要與你的同級同事進行積極有效的溝通。在這個過程中，只有向他正確地傳達你的意圖，你才有可能得到他正確的配合。否則，如果你連自己的目標都沒有認清，你又怎麼可能指望你的同事給你所需的幫助呢？

有這樣的兩個故事：

有個妻子要過生日了，她希望丈夫不要再送花、香水、巧克力，或只是請吃頓飯。她希望得到一顆鑽戒。

「今年我過生日，你送我一顆鑽戒好不好？」她對丈夫說。

「什麼？」

「我不要那些花啊、香水啊，也不要巧克力。沒意思嘛，一下子就用完了、吃完了，不如鑽戒，可以做個紀念。」

「鑽戒，什麼時候都可以買。送你花、請你吃飯，多有情調啊！」

「可是我要鑽戒，人家都有鑽戒，就我沒有，就我沒人愛……」結果，兩個人因爲生日禮物，居然吵起來了，吵得甚至要離婚。更妙的是，大吵完，兩個人都糊塗了，彼此問：

「我們是爲什麼吵架啊？」

「我忘了！」太太說。

「我也忘了。」丈夫搔搔頭，笑了起來：

「啊，對了！是爲了你要顆鑽戒。」

再說個相似的故事：

有個太太，想要顆鑽戒當生日禮物。但是她沒直說，卻講：「親愛的，今年不要送我生日禮物了，好不好？」

「爲什麼？」丈夫詫異地問，「我當然要送。」

「明年也不要送了。」

丈夫眼睛睜得更大了。

「把錢存起來，存多一點，存到後年。」太太不好意思地小聲說，「我希望你給我買一顆小鑽戒……」

「噢！」丈夫說。

結果，你們猜怎麼樣？

生日那天，她還是得到了禮物——

得到了一顆鑽戒。

當我們比較前面這兩個故事中的溝通技巧的時候，可以知道第一例中的妻子太不會說話，她一開始就否定了以前的生日禮物，傷了丈夫的心。接著她又用別人丈夫送鑽戒的事，傷了丈夫的自尊。最後，她居然否定了夫妻的感情！更何況，這樣硬討的禮物，就算拿到，又有什麼意思？她丈夫的感覺也不會好啊！

至於第二例的那位太太就聰明多了。她雖然要鑽戒，卻反著來，先說不要禮物，最後才把目標說出。因爲她說希望後年會得到一枚鑽戒，丈夫提前在今年就給她一份驚喜，無論太太或丈夫，感覺都好極了，這不是「雙贏的溝通」嗎？

尤其不能不提的是，第一例當中想要溝通的人，居然到後來把溝通的目標都忘了。

溝通就像爬山。你先要設定目標，然後向著目標走。有人走大道，有人爬小路，無論你從哪條路上去，都不能忘了方向、忘了目標。而在實際工作中，往往有不少經理人會犯了「才溝通，就忘了溝通目標」的毛病。結果到最後，還不知道自己是在哪裡迷失了方向，並在遠離自己目標的道路上越走越遠。

4.認清平級同事的底線

爲了取得有效的溝通，除了認清你的目標以外，你也還需要認清平級同事的底線。換句話說，要認清他們有哪些最基本的原則、利益，是你無法與之溝通的。如果你非要與他們討論這些，那麼你不僅不能達到你的目標，你還會在他們面前碰一鼻子灰，而且可能會在彼此之間產生隔閡，使以後的工作變得更難做。

大概就在去年七月，我在紐約的電視上看到一個亞洲的電視座談，談的是「怎麼處理公娼」。

有人主張把公娼制度完全廢除，有人主張繼續存在，使人們有個處理性欲的管道，有人主張逐漸讓公娼轉業。

我記得其中有這樣幾句話。

一個人說：「娼妓禁不了，因爲你如果問公娼，禁了之後，她要做什麼，她大概會告訴你，她要轉業做私娼。」

另一個人說：「最重要的是，不容易幫助她們轉業。她們一個月平均賺二十萬臺幣。她們會說，你是不是給我介紹個月薪二十萬的工作？如果可以，我就轉業。」記得連主持人都笑著說，他從事電視工作一個月都沒有二十萬的收入。好像娼妓眞難以禁絕了。

從這件事我們可以知道，在與這些公娼溝通的過程中，最大的問題，不是誰對誰錯或合法違法，而是那二十萬元的收入。

每個談判，對方都有他堅持的底線。當你要攤販離開他幾十年擺攤子的地方時，他會要你安排其他做生意的地方，如果你不能安排好他的下一個去處的時候，那麼無論你有多好的溝通技巧，都難以成功，因爲你不能達到他的底線。

5.幫對方抖落心中的鎖鏈

沒有投入，便不要指望回報。在處理你與平級同事之間的關係時，這一道理也同樣適用。

當你希望對方來幫助你完成工作的時候，你大可不必急急忙忙地、把自己的意圖直截了當地說出來，你可以先瞭解一下對方的工作需求，說不定對方正在爲工作中的一個難題發愁呢！而你又正好有這個能力，去幫他「抖落心中的鎖鏈」。當你做完這一切的時候，你要從他那裡獲得工作支援，難道還會成爲難題嗎？

這裡，我們不妨來看看警察是如何幫助跳樓者「抖落心中的鎖鏈」吧。

「我要跳樓了、我要跳樓了！你們不要過來，你們統統躲開！我要往下跳了！」要自殺的中年男子，站在十六層樓的陽臺邊緣，把半個身體探出去，對著下面圍觀的人喊，又回頭對追上樓頂的警察吼，「你滾！你滾！你攔不住我的，我今天非死不可！」

「我不是要攔你，我是來問你爲什麼要跳樓。」警察說，「你總不能死得不明不白吧？總得讓我們知道爲什麼啊！」

「我沒明天了！我活不下去了，他們不要我活啊！」男人哭喊著，再轉身對著樓下叫，

「我要跳了！」

「等等！」警察喊，「你要跳樓，不能把下面的人壓死，你總得等我把群眾趕開吧。不過我先問你，是誰不要你活？我是警察，如果有壞人逼你，我當然要保護你。」

「不怪他們，不怪他們。」男人揮著雙手，「是我欠錢。」

「你欠錢？我也欠錢啊！欠錢就一定得死嗎？」警察說，「我相信我欠的絕不比你少。你知道我現在還欠四百多萬嗎？」

「我欠得比你多，我欠了八百多萬啊！」男人坐在陽臺邊上哭了起來，「八百多萬呢！」

「八百多萬，也不算多啊！我以前也是欠八百多萬，一點、一點還，十幾年下來，已經還了四百萬。你的那些債主是願意看到你跳樓，從此一文錢也要不回來呢，還是願意給你時間，讓你慢慢還？這是民主社會，誰能逼死你？難道你要逼死你自己？你的命只值八百多萬嗎？」

「可是你給我一輩子，我也還不清啊！」

「不、不、不，你一定是沒算過，你要不要聽我是怎麼還的債？」

「你說！」

於是警察一五一十地，把怎麼貸款、怎麼標會、怎麼兼差，又怎麼跟債主們溝通，都講了出來。

「你說的是眞的？」男人回頭看著警察，「看不出，你們警察也這麼可憐。」

「你以爲這世界上只有你可憐嗎？每個人都有可憐的時候……」沒多久，這個原來要自殺的男子，居然走回陽臺，跟著警察下樓了。

在這個故事裡，警察是如何成功地將一個跳樓者，從地獄的門口拉回來的呢？其實，警察的成功就在於，他知道如何拖延，然後找出問題、分析問題、解決問題，化解了危機。這樣，警察在幫助了跳樓者的同時，也完成了自己的工作目的。

6. 脫掉對方的鎧甲

在職場中，很多銷售經理人會有過這樣的經歷。當你要求財務經理給你提供上個月的資金回籠數字的時候，或者幫你查一下某種商品的現金流的時候，如果時機不巧，那麼你可能會遇到這樣的結果：財務經理隨隨便便地找一個理由來打發你，更要命的是，他的態度讓你很難接受。

怎麼辦？跟他吵嗎？好像這樣做反而會離你所希望的工作目標更遠。報告上級？那樣會牽扯進更加複雜的人際關係，而且我也相信，你們中的大多數人都不願意因爲這麼一點小事，去驚動公司總裁。事實上，這個時候，你最好的辦法在於「脫掉對方的鎧甲」。

很多時候之所以會發生這種事情，並不是財務經理故意要針對你，可能是他在編製這個月的財務報表的時候，遇到了資料上的難題，正處於煩惱之際。也許你會說，他這樣把怒氣隨便發在別人身上，是很不敬業的表現。可是不管你怎麼說，事情都已經發生了啊！我所關心的是，你如何來達到你的工作目的。所以，這個時候，任何針鋒相對的指責都是無意義的，那樣只會讓事情更糟。唯一一個可行的辦法是，你不妨先站在他的角度想想，也許你就會對他的行爲有所體諒了，這樣你心中的怒氣也會慢慢消失。而後再順著他的意思與他溝通：「是啊，你們做財務的確實很辛苦，是不是有時候爲一個小數點要折騰上好半天，……」這樣漸漸地你就會拉近彼此的距離。「脫掉對方殺氣騰騰的鎧甲」，達到你的工作目的，甚至最後還可以增進你與他之間的關係，爲以後的工作鋪平道路。

我有一次坐計程車的經歷，讓我至今仍記憶猶新：

「前面向右轉，到華爾士路。」我跳上計程車說。

「右轉？塞車塞死。你爲什麼不走路去？」司機沒好氣地回頭瞪我一眼。

「你講得對，吉頓街確實塞，但是現在塞的是這一頭，能一直排隊排到市民大道。可是那一頭不大會塞，咱們走走看，如果塞，我們就從旁邊穿出去。」停了一秒鐘，我笑笑，「相信你也知道體育場旁邊的那條路，對不對？」

「那條路有時候也堵。」他還是沒好氣。

「對！碰上對面來輛大車，也堵。只有自認倒楣了，唉！有時候眞佩服你們開計程車的人，這個工作做久了，修養也就練出來了。」

「不練出來，又怎樣？」

「可不是嗎？我現在如果碰上堵車，就看風景，看看路兩邊有沒有新開的店，有沒有新的餐館。」抬頭，「你吃晚飯了嗎？」

「連中飯都沒吃。」

「太辛苦了，等會兒先找個地方吃點東西吧！聽說計程車開久了，有時候憋尿、有時候餓肚子，膀胱、腸胃都容易出問題。」

「你是醫生嗎？」

「我不是。」

「怎麼看都像醫生。」

「什麼地方像？」

「很有學問的樣子……」

車子到了華爾士路，下車時，我還叮囑他：

「快去吃點東西吧！」

他則謝了又謝，一副捨不得我走的樣子。

爲什麼那個原來脾氣焦躁的司機，後來態度會做了一百八十度的轉變呢？因爲我從來沒否定他的看法，而且一直以體諒的心情看他的世界。他恨堵車、恨這個工作，我則以關心、體貼的態度去對待他。結果怎麼樣，雖然我不知道那位司機後來怎麼想，但我一直覺得那是一次讓我很開心的旅行。

7. 讓他或她說出你的想法來

現在假設你想讓一個人的工作方法有所改變，或者你想讓他接受一種新思想，但碰巧這個人是那種非常固執的人，他很難接受別人的建議，不管那種建議如何好，他就是認爲自己的想法是最有價值的。其實，這種事情在職場中也並不鮮見，儘管你不希望遇到這種倒楣的事情，但工作使你不得不去面對他。那麼，你該怎麼辦呢？你怎樣才能使這種人改變原有的思想觀念，按照你的思想方法做事呢？

你可以讓他認爲，這種新想法完全是他自己想出來的。你播種，讓他去收割。你認爲這種方法行嗎？我說行，因爲我已經用了多年。究竟「行」在什麼地方，最好還是讓別人來介紹。下面我們就請密蘇里州一家大的電子產品製造公司的副理凱利．瑞安來說說：

「我發現，讓一個人改變他的工作方法或者工作程序的最好方法，是讓這個人認爲，這一切都是他自己想出來的。我讓他對這種改變負有全部責任，我表彰他的主觀能動性和預見性，他也相信那全都是他第一個想到的．這樣對我們雙方都有好處，他會感

到自己的工作更重要、更安全，而生產效率也得到提高，這是我所期望的。

「但是，我也遇到過不大容易接受這種方法的人。就拿我們的生產監督員爲例吧。上星期五我對他說：『傑克，我認爲如果我們把三號切割機搬到那邊去，然後再加兩個電動捲繞站的話，我們的生產速度還能提高。我想聽聽你是怎麼考慮的。』一天後，他來到我的辦公室說：『凱利，這個周末，我有了一個最好的主意，如果我們把三號切割機搬到這裡，然後再加兩個電動捲繞站，我們在組裝線上就能少走不少冤枉路，這樣我們的生產效率能提高百分之五到百分之十。我們不妨試試看。』那正是我想讓他發生的變化。

「這種方法，要比告訴一個雇員去做什麼好得多。人們都不喜歡被人家告訴怎樣去做他們的工作。他們喜歡按照自己的方法做事。這種建議的方法每次都非常見效，每次我都如願以償。雇員由於提出了新的方法受到嘉獎，這樣，我們雙方都感到很興奮。」

對於這種方法，只有一個特殊的要求：時間和耐性。要慢慢地去做，切勿急躁。給那個人一定的時間，去理解和消化你的思想，讓它一點一點變成他自己的思想。切記：你的工作是播種，讓他去收割，給它生根發芽的機會。當你這樣做了以後，你會得到很大的好處。

8. 靜靜地聆聽也會管用的

我在斯加圖大學做教授的時候，曾經收到一個女學生的一封電子郵件，經過與她的協商，我把這封郵件的大致內容刊登出來：

馬丁教授：

我今天寫信是要告訴您，我眞是不想活了，我活得多麼可憐。從小到大，我爸爸都瞧不起我。他只愛我弟弟，不愛我。他今天又罵我，只因爲我由於看電視，到桌上吃飯的時間晚了一點。我一氣之下，把碗摔在地上，回到房間，狠狠把門關上，聽他在外面吼。

我媽來敲門，我就不開。他們都很偏心，只因爲弟弟功課好，就什麼都說弟弟好，要我跟他學。我是我，他是他，我爲什麼要學他？後來，我聽媽媽在掃地，把我砸在地上的碎碗片掃起來。我本來想出去幫忙，但是我不要讓他們笑，我就不出去。

但是，就在剛才，我出去上廁所的時候，看見桌上還擺著兩盤菜和飯，是他們留給我的。我爸爸也沒回房間，坐在客廳看報。我沒理他，他也沒理我，從後面看他，他的頭髮又少了許多，再過兩年，大概就掉光了。

哈！我居然有個光頭的老爸，你信不信，我心裡有一點高興。不過，說實話，我也有點爲他傷心，發現他眞是老了，他連走路的聲音都不一樣了。

有時，我很想多看看他，多跟他說說話，但是一想起他偷看我日記那件事，我就生氣，就不願意理他。我當然知道他是關心我，才看我的日記。可是，我就生氣，從那以後再也不寫日記了。

你會不會覺得我很叛逆呢？我想，我的問題就是這樣，一說出來就好像都不是問題了。

請不要爲我操心，我知道該怎麼對待家人。我想，我還是非常愛他們，他們也是很愛我的。夜深了，我也餓了，我要去吃飯了，再見！

對這封信，我沒有回覆。因爲我知道，那位「不平靜的小女生」，只是把她當天的不滿說了出來，發洩之後自己就平復了。也可以說，她自己爲自己找到了問題，也把原來激動的情緒化解了。

我想說的是，有些溝通要做的只是「靜靜地聆聽」，讓對方把情緒發洩出來，就天下太平了。

據說，林肯就很懂得這個道理。

有一次，林肯正跟朋友聊天，林肯的老婆突然怒氣沖沖地進來，當著朋友的面，把林肯臭罵一頓，而林肯居然任她罵，沒回一句嘴。

然後，當老婆罵夠了，走開之後，林肯對朋友笑笑，說：「如果你知道我這樣任她罵，對她有多大緩解壓力的效果，你就會肯定我給她的這個機會。」

很多經理人與他們的平級同事溝通失敗，是因爲不瞭解對方之所以找麻煩，是對方自己有情緒上的問題。遇到這種狀況，你跟他講理，倒不如好好聽他說，讓他把情緒宣泄出來，表達他的不滿。然後，問題很可能自己解決了。原來罵你的人，很可能才罵完，就向你道歉，說都怪他自己太激動。相反地，如果你非但不體諒他，不幫他解決情緒上的不平，還跟他對罵，事情只會愈弄愈糟。這時候，要想做雙贏的溝通，就要耐下性子，如前面故事的例子，認眞聽對方說，爲他著想，同情他，也爲他解決問題。

怪不得有美國的心理學家調查得出，公司主管們的平均時間分配如下：百分之九的時間在「寫」，百分之十六的時間在「讀」，百分之三十的時間在「說」，百分之四十五的時間在「聽」。

9.將他們視作你的兄弟姐妹

在整個公司精神的培養和發展過程中，最具爭議性的一個問題，是關於「將公司視爲一個家庭」的觀點。作爲公司「古老衛士」的部門經理們，他們經歷了從一個渺小的組織，發展爲一個擁有一百五十名員工的公司的過程，他們感到與如此眾多的人相處，並保持親密的關係是相當困難的；另一方面，新來的部門經理則認爲，用「家庭」一詞來形容一個工作場所未免太過親暱。我開始創建自己公司的原因之一，就是要營造一個更加生氣勃勃、更加充滿生活氣息的環境和氛圍，營造一個不僅僅是爲了工作的場所。

我的志向和願望在於，將眞正希望從他們的工作中創造出新生事物的人們聚集在一起，讓他們所付出的努力，不會受消極怠工的被動思想和繁瑣冗贅的官僚制度所制約和羈絆，可這些問題在大型公司內卻非常普遍。由於曾在主要的行業團隊中工作過，我很瞭解高層管理者對員工的疏遠與漠不關心。試想一下，一個部門經理如果把其他部門的經理們視作自己的兄弟姐妹的話，那公司裡還有什麼衝突不能解決呢？

我將我的公司視爲一個大家庭，視爲一個因我們彼此相互支撐而能夠應對劇烈震盪的大家庭。

在早期，新來的部門經理被看成同事，並很快變爲朋友，家庭的概念並不存在問題。但是，隨著公司的不斷擴大和增長，這一狀態發生了改變，我卻排斥和拒絕接受規模的擴大需要系統化和等級化這一現象，我們最重要的資產，就是我們所保持的混亂的狀態，它產生出了令人欣喜和震驚的電流。這種電流又賦予了我們精力和願望，使我們能夠爲我們的客戶拆除矗立在他們面前的道道壁壘和障礙。我認爲，如果我們陷入了僵化和循規蹈矩的狀態，那麼我們將無法再以一種自由而開闊的方式去思維。

我們不斷地灌輸一些新的激勵因素，以鞏固家庭的紐帶和公司的凝聚力。因爲我相信，這些因素是維持公司高度精神化和活力性的關鍵因素。我們依靠創造性的爆發來實現我們的發展，因而我們必須彼此關愛，而這只有持續不斷的投入才能夠維持。

我們透過舉辦聯歡會等形式，來培養公司的凝聚力和團結精神，我們經常邀請合作夥伴參加，以便他們能夠對我們有更充分和眞實的瞭解。聖誕午餐會是一個很重要的活動，各個部門的夥伴們都會被邀請參加。隨著需求的增加，這些活動的規模也變得日益盛大，耶誕節前夕的巴黎、布拉格、羅馬及巴賽隆納一日遊，也是我們爲增進彼此瞭解而投資舉辦的活動。有一年，我們組織了瑞士冰河三日遊，參加者是各部門的經理。由於為每個人都提供了藍色的滑雪服，我們在滑雪道上便可以很容易地區分同事和合作夥伴。每一次旅行都將我們的文化提升和鞏固了50％。

10.懂得和諧與制衡

公司對各個部門的管理都有一個基本目標，就是和諧，因爲公司內部的和諧一致，是公司發展的基本條件。這裡所說的和諧，是指在老闆制定的目標和原則下，各部門都有自己應負的責任，都有自己應守的立場，各人以協調、合作的精神，去完成自己的任務。

各部門彼此各做各的，誰也不管誰，這固然有悖和諧，但如果大家都是老好人，有意見不肯講，不肯得罪人，大家表面上和和氣氣，實際上彼此和稀泥，這也不是和諧的本意。

還有一種情況，有的人彼此私交不錯，凡事都能互相包涵，你拜託我做的事不管對不對，礙於面子不好意思拒絕。我請你幫忙，即使對公司不利，你也不能拆我的臺。他們之間夠「和諧」了，可是這比老好人或者彼此衝突更糟。

其實，你想與其他部門的員工彼此之間都毫無芥蒂，一點分歧都沒有，這是根本不可能的事。人與人的感情交往是千差萬別的，身爲部門經理，大可不必爲這種事費心，

這是很正常的現象，只要每個人都能爲整體目標努力工作，你所要求的和諧理想就達到了。

公司所需要的和諧，是在不同中求統一。每個部門或崗位，爲了完成任務，在做法上也許彼此有利害衝突，或者意見分歧，但這些分歧和衝突，是在完成任務這個總目標之下產生的，不是爲私，而是爲公，這就需要你們之間的協調。總之，各部門的工作方法或許不同，但爲公司發展的想法應該是一致的。

事實上，公司設有不同部門、不同崗位，除了有專職專責的意義之外，也有相互監督、制衡的作用，其目的是使任何人、任何部門都不能隨心所欲，爲所欲爲。因爲公司是個有敏感反應的有機體，出了任何問題，都會有相應的部門提醒老闆及時處理。

因此，和諧與制衡，是公司裡各部門相處的一把雙刃劍，使員工在和諧中不徇私，在相互競爭、牽制和監督中不損和諧，這才是經營管理的最高境界。

「制衡」還有另外一些作用，那就是平衡各部門員工的情緒，激勵他們的進取心。如果有些部門經理驕氣太盛，一受到重視，就目中無人，不可一世。這種人如果不受一點磨練和挫折，任由他的個性發展下去，勢必會影響到公司的發展。

老闆對他好，他就會很跋扈，別人也奈何不得，久而久之，自然引起別人的不滿，甚至連帶對老闆也有了怨氣，覺得他欺負人是老闆寵的。這時，你可以求助於你的主管，借他的手挫一挫這個驕態畢露的經理的驕氣，這不僅是對他的磨練，也是平復其他部門經理情緒的應有做法，而且會讓老闆知道你是爲公司著想的。

有些公司在人事安排上，常常暗合制衡作用。例如，同級不同部門的經理，你的主管絕不安排兩個非常合得來的人。看起來是跟和諧的宗旨相衝突，實際是和諧的最高運用。一個能力強、駕馭力高超的老闆，絕不害怕員工骨幹分子之間鬧意見，他知道人們之間有意見，自然會爲了爭取老闆的賞識和重視而竭盡全力地運用智慧，在工作中表現自己。

相反的，兩個部門經理，如果一個太強，一個太弱，也不是好事情，弱的一個只求相安無事，強的一個爲了更多的表現而往往越權辦事。一弱一強，失去了平衡，得不到眞正的和諧。

喜歡趨炎附勢的員工，自然討好強的一方；生性耿直的人，又自然看不順眼而滿腹牢騷，這樣下去，哪裡還有什麼和諧？

因此，公司內部也要有競爭，沒有競爭就沒有進步，從競爭中求得制衡。當然，這種競爭必須是能力上的競爭，工作業績上的競爭，而絕不是人事上的傾軋。

和諧是由於制衡運用得當而產生的，不懂得運用制衡的老闆，公司內部永不能求得眞正的和諧。就像一臺秤，你的老闆隨時會把不同類型的員工，調整到他們適當的工作位置，這臺秤才能擺平，公司內才能出現平衡、和諧的局面。

懂得了你的主管爲了使他的公司達到制衡與和諧而耍的這些花招，你或許會更清楚地知道，該怎麼樣與其他的部門同事合作，而不是爭執。因爲你們的目標都是爲了整個公司的利益。

記住，千萬別犯以下的錯誤：

• **沒有創意的鸚鵡**：光會做機械性的工作，只是模仿他人，不會求自我創新、自我突破，認爲多做多錯，少做少錯，不做才能沒錯。

• **無法與人合作的荒野之狼**：絲毫沒有團隊精神，不願和別人配合，害怕分享自己的勞動成果，更無視他人的意見，只顧自己的工作，離群索居。

• **缺乏適應力的恐龍**：對環境無法適應，對市場變動經常無所適從或不知所措，只知請教主管，而且也不能接受職位調動或輪調等工作改變。

• **浪費金錢的流水**：成本意識很差，常無限制地任意申報交際費、交通費等，不注重生產效率。

- **不願溝通的貝殼**：有了問題不願意直接溝通或羞於講出來，總是緊閉著嘴巴，任由事情壞下去，沒有誠意。
- **不注重資訊彙集的白紙**：對外界訊息反應不敏銳，不肯思考、不判斷、不分析，也不願搜集、記憶有關訊息。
- **沒有禮貌的海盜**：不守時，常常遲到早退，服裝不整，講話帶刺，不尊重他人，做事或散漫或剛愎自用，根本不在乎他人。
- **缺少人緣的孤猿**：嫉妒他人，只對別人的成就蜚短流長，而不願意向他人學習，以致在需要幫助時，沒人肯伸手援助。
- **不重視健康的幽靈**：不注重休閒活動，只知道一天到晚地工作，常常悶悶不樂，工作情緒低落，自覺壓力太大，並將這種壓力影響別人。
- **過於慎重、消極的岩石**：不會主動地找工作，所以很難掌握機會，事情沒做前，先發出悲觀論調，列出一大堆不可能，同時對周圍事物也不關心。
- **搖擺不定的牆頭草**：從沒有自己的觀點，永遠只是附和別人的意見。更重要的是，一遇到公司紛爭，哪邊勢力大就倒向哪一邊，並煽風點火，一旦這方失勢，又馬上倒向另一方。

• 自我設限的家畜：不肯追求成長、突破自己，不肯主動挑起力所能及的擔子，抱著「努力也沒用，薪水夠用就好」的心態，人家給什麼接受什麼。

經理人要做什麼？

杜拉克談五維管理

第五維　對外管理——管理你的外交

Part 5

國際知名演說家菲立普女士，曾經邀請造型顧問帕朗提幫她做整體造型設計。

菲立普女士說：「整理出來的衣服總共分成三堆：一堆送給別人；一堆回收；剩下的一小堆，才是留給自己的。有許多我最喜歡的衣物，都被分在送給別人的那一堆裡，我央求帕朗提讓我留下一件心愛的毛衣與一條裙子。但她搖搖頭說道：『不行，這些也許是你最喜愛的衣物，但它們卻不適合你現在的身分與你所選擇的形象。』由於她絲毫不肯讓步，我只得眼睜睜地看著自己的大半衣物被逐出家門。我必須學著捨棄那些已不再適合我的東西。而『清衣櫃』也漸漸地成爲我工作與生活的指導原則。不論是客户也好，朋友也好，衣服也罷，我們必須評估、再評估，懂得割捨，以便騰出空間給新的人或物。我也常將這個道理與來聽演講的聽眾分享，這是接受並掌握生命的一種方法。」

清理人際關係網的道理，也和清除衣櫃相類似。帕朗提容許菲立普女士留下的衣服，是最美麗、最吸引人、也是剪裁最合體的幾套。如果我們也對自己的人際網路做同樣的「清理」工作，在去除無關痛癢的之後，留在圈內的朋友，不就都是我們最樂於往來的嗎？

1. 看看你有沒有這些毛病

親愛的朋友們，在閱讀本部分之前，我建議你先來作一份自我評價，在你認為你是那樣做的條目後面打上✔，到最後再來數一下有幾個✔。據我的瞭解，以下的這二十一條錯誤，是一個經理人在社交中經常會犯的，看看下面這些毛病，有幾個跟你有關。

1. 不注意自己說話的語氣，經常以不悅而且對立的語氣說話。（　）
2. 應該保持沈默的時候，偏偏愛說話。（　）
3. 打斷別人的話。（　）
4. 以傲慢的態度提出問題，給人一種只有你最重要的印象。（　）
5. 自吹自擂。（　）
6. 嘲笑別人的穿著。（　）
7. 在不適當的時刻打電話。（　）
8. 對不熟悉的人寫一封內容過於親密的信。（　）

9. 不管自己了不了解，任意對事情發表意見。（　）
10. 公然質問他人意見的可靠性。（　）
11. 以傲慢的態度，拒絕他人的要求。（　）
12. 在別人的朋友面前，說一些瞧不起他的話。（　）
13. 指責和自己意見不同的人。（　）
14. 評論別人的能力。（　）
15. 當著他人的面，指正部屬和同事的錯誤。（　）
16. 請求別人幫忙被拒絕後，心生抱怨。（　）
17. 利用友誼請求幫助。（　）
18. 措詞不當或具有攻擊性。（　）
19. 當場表示不喜歡。（　）
20. 對政治或宗教發出抱怨。（　）
21. 對女祕書表現過於親密的行爲。（　）

你有幾條這樣的缺點呢？如果大於或等於三的話，那你得好好思考一下了。如果你

認爲這些都是一些小缺點的話，那就錯了。因爲這些缺點的混合速度是非常快的！試想一下，你願意和平常就顯示出其中三種缺點的人交往嗎？這些缺點會讓別人對你的智慧和能力產生懷疑，任何想要成功的經理人，都應該遠離這些缺點。

2.像整理衣櫃一樣清理你的人際關係

有一天，我的妻子瑪莉突然向我抱怨，說家裡的衣櫃滿了，放不下新的衣服，要我再去買一個新的衣櫃回來。我告訴她，其實以前那個衣櫃不是太小，只是需要清理和調整一下，就可以騰出空間給新的衣服了。瑪莉照我的話去做了，她很滿意。

同樣的道理，作爲一個經理人，你的人際關係就像衣櫃裡的衣服一樣，也需要經常清理。

清理人際關係網的道理，也和清除衣櫃相類似。在本節開始的那個例子中，帕朗提容許菲立普女士留下的衣服，是最美麗、最吸引人、也是剪裁最合體的幾套。「捨」永遠不是件容易的事，雖然有惋惜的悲傷，但從此擁有的不僅都是最好的，也有更多空間可以留給新衣服。

如果我們也對自己的人際網路做同樣的「清除」工作，在去蕪存菁之後，留在圈圈內的朋友，不就都是我們最樂於往來的嗎？爲什麼？一旦我們仔細評估對每個人的感受之後，道理即變得很明顯，我們應該把時間與精力放在讓自己最樂於相處的人身上。作

為一個經理人，在平時即奔波忙碌於工作、社交與家庭生活之間，及時地評估人際關係網路，也就等於安排好了生活的先後次序。

3.外交中不要「過度投資」

請記住，不要對人太好了！好事如果被做得過了頭了，也會給你帶來意想不到的結果。

這一點可能許多經理人都想不通。爲什麼呢？難道我對一個人好也錯了嗎？

卡內基博士研究說，在成功的人際交往中，很重要的就是要遵循心理交往中的功利原則——這一原則，是建立在人的各種需要的基礎上，即人際交往是滿足人們需要的活動。心理學家霍曼斯早在一九七四年就曾經提出，人與人之間的交往，本質上是一種社會交換，這種交換和市場上的商品交換所遵循的原則是一樣的，即人們都希望在交往中得到的多於所付出的。

得到的不能少於付出的，如果得到的大於付出的，也會令人們的心理失去平衡。對一個有勞動能力、理智健全的人來說，獨立、付出都是內部的需要。人際關係中，如果

不能相互滿足某種需要，那麼這種關係維持起來就比較困難。

因此，你在公司外部的人際交往中，一定要遵循這條原則，交往中要有所保留，初入社交圈中的經理人常犯的一個錯誤，就是「好事一次做盡」，以爲自己全心全意爲對方做事，會使關係融洽、密切。事實上並非如此。因爲人不能一味接受別人的付出，否則心理會感到不平衡。「滴水之恩，湧泉相報」，這也是爲了使關係平衡的一種做法。如果好事一次做盡，使人感到無法回報或沒有機會回報的時候，愧疚感就會讓受惠的一方選擇疏遠。留有餘地，好事不應一次做盡，這也許是平衡人際關係的重要準則。

留有餘地，適當地保持距離，因爲彼此心靈都需要一點空間。如果你想幫助別人，而且想和別人維持長久的關係，那麼不妨適當地給別人一個機會，讓別人有所回報，不至於因爲內心的壓力而疏遠了雙方的關係。而「過度投資」，不給對方喘息的機會，就會讓對方的心靈窒息。請記住，留有餘地，彼此才能自由暢快地呼吸。

4. 如何使陌生人成為你的朋友

許多經理人在剛剛應聘到一家公司的時候，都會面對一個很頭疼的問題，那就是公司上上下下、裡裡外外，會有很多不熟悉的新面孔，如何很快地認識他們，並使他們都成爲自己的朋友呢？

其實，與你剛認識的人在一起談話，或與人談論您不認識的人，最好的辦法是嘗試著從一個話題轉到另一個話題，如果某個題目不行，再試下一個。或者輪到你講話時，可講述你曾經做過的事情或想過的事情，修整花園、計畫旅行或其他我們已經談過的話題。不要對片刻的沈默慌張，讓它過去即可。談話不是競賽，不是像跑步一樣，拚命地衝到終點。

開始與「釣魚」前先自我介紹

當你發現在聚會上坐在你身邊的是個陌生人時，在開始進一步交談之前，先介紹一下自己。

有各種各樣的開始方式。

如果你是個很靦腆的人，在參加聚會之前，就可在腦子裡先想好內容。如果有人已經告訴你一些關於他的消息，你可以說：「我知道你的球隊在上星期的決賽中獲勝了，一定很精彩。」如果你對他一點都不瞭解，可以說：「您是住在Homeville還是遊客？」從他的回答中，你可以期望開始話題。他可能會問你住在哪兒、從事什麼職業等。自我介紹非常簡單，但要注意給他說話的機會。

徵求建議

另一個重要的開場白是徵求建議。例如，你可以問一個熱心的園藝家：「我想把花園中的一年生植物改種多年生的，你建議種什麼好呢？」或對於一個在家或辦公室辦公的人，你可以問：「我想買一部傳真機。你有什麼好的建議嗎？」如果沒有反應，可以問他的觀點。問他或她有關任何方面的觀點都是很穩妥的，政治、體育、股市、時尚和當地新聞，所有的都可以，但不能是已經問過的或會引起爭論的話題。

在餐桌上，另一個能提供良好開端的話題是食品或酒：「好吃嗎？我沒有時間在廚房裡真正地做一頓好飯。你自己做飯嗎？」

不要避開話題。在大選的年份，諸如：「你怎樣看待副總統候選人？」之類的問話，可以毫不費力地開始話題，只要你記住你對回答的反應，不是嘲諷或激烈反對。

5. 如何感謝他人的幫助

當你在生活中遇到麻煩、困難或者不幸時，或許很快能得到他人熱心的幫助。得到他人幫助之後，你自然會想到感謝。對他人的幫助表示由衷的感謝，這是完全應該的，也是人之常情。但是，你得知道如何感謝，下面這些小方法可以幫助你：

要及時而主動地表示感謝，以顯示真誠

儘管許多人幫助他人，並不指望得到回報，但對於受幫助的人來說，一定要及時而主動地表示眞誠的感謝。及時，是從時間上說的，被幫助的事情有了結局後，要馬上表示感謝，不能慢吞吞地一拖再拖；主動，是從態度上說的，要找上門去，到對方的單位或家裡去，不要在對方到你家或在路上偶然遇見時，才忽然想起要感謝一下。

及時、主動，說明你對他人的幫助是非常重視的，說明你十分尊重他人的幫助，也說明你是一個性格爽直、懂得人情的人，它有助於進一步加深彼此的感情。

要誠實守信，許下的諾言絕不打半點折扣

有時，爲了能儘快解除自己的麻煩或困難，有些人透過新聞媒體或其他形式公開尋求幫助，並許下諾言，一旦幫助成功，給予一定數量的酬謝。這也不失爲一種行之有效的方法。但一定要恪守諾言，絕不能說話不算數。

不管對方付出的勞動如何，不管對方是出於何種動機，只要確實給你提供了幫助，就應該不折不扣地兌現。有些人見對方品格高尚，決意不要酬謝，就暗自高興，把原先許下的諾言心安理得地嚥下了；有些人見對方完全是衝著酬謝來的，不但不給自己答應的酬謝，反而指責其動機不純，沒有樂於助人的品德。這兩者都是錯誤的。

對品德高尚的幫助者，即使他堅絕不要，也可以改變方式，透過其他途徑表示感謝；對完全是爲酬謝而來的幫助者，其動機固然難可貴，但如果被幫助者因此而違諾，不肯承擔自己應該承擔的責任，就更應該受到嚴厲的指責。

要根據不同的對象，選擇恰當的途徑和方法

感謝他人的途徑和方法是多種多樣的，除了物質上的表示外，還可以透過其他的形式。要根據幫助者的身分、職業、性格、文化程度及經濟狀況等具體情況，來選擇最恰當的形式，不要以爲送值錢的東西就是眞誠的感謝，也不要以爲無限的誇獎就是感謝。有些人，你送他一筆錢表示感謝，說不定他會很不高興，甚至認爲是對他的侮辱；對有些人表示感謝的方式，也許是你自己的努力學習和工作；對有些人的感謝，最好的方式

也許是廣爲宣傳。因此，感謝別人，不能一概而論，要因人而異。

要掌握好感謝的度，力求做到合理與恰當

和做其他事情一樣，感謝別人也要掌握分寸，力求適度，過分和不足都有所不妥。過分，或許會讓人難以接受，甚至產生懷疑；不足，又會讓人覺得不尊重對方的勞動。

合理、適度，可以根據這兩方面來決定：一是對方付出的勞動的多少；二是對方的幫助給自己帶來的益處（經濟、情感、名譽、身體等）。要綜合這兩個方面，再決定感謝的分量。光從別人付出的勞動，或光從給自己帶來的益處一方面來決定，都可能導致失度。因爲這兩者之間往往不相協調，有的幫助者付出的勞動很小，但是給被幫助者帶來的益處很大，有的也許正好相反。

表示謝意是一種感情行為，不能一次性處理

幫助與感謝是一種感情的交流行爲，它不同於一般的貨款交易。感情是一種值得反覆品味的、耐久的特殊事物，不能用一手交貨、一手交錢的那種純商業手段來處理。對方幫助你，這本身就是一種「情」的表現，對「情」的回報，除了物質上的必要饋贈之外，最好還應該用同樣的眞誠來報答。這樣，才能體現出人與人之間的溫暖，才能建立更加密切的人際關係。不要以爲他幫助了我，我已經酬謝過他了，從此咱們毫不相干。

假如這樣，未免太缺少人情味了。因此，對有些人的幫助，如有必要和可能，可保持長久的聯繫，讓人情永遠暢通。

6.克服特定場合的恐懼

我偶爾會聽到有一些經理人對我說，他們對某些特殊的情境或場合會特別恐懼。比如，害怕當眾發言、當眾表演。但是在一般的社交場合，卻並不感到恐怖。

是的，你不必爲此而感到不安，這很正常。推銷員、演員、教師、音樂演奏家等等，經常都會有諸如此類的特殊社交恐懼症。他們在與別人的一般交往中，並沒有什麼異常，可是當他們需要上臺表演，或者當眾演講時，他們會感到極度的恐懼，常常變得結結巴巴，甚至當場愣住。

他們總是擔心會在別人面前出醜，在參加任何社交聚會之前，他們都會感到極度的焦慮。他們會想像自己如何在別人面前出醜。當他們眞的和別人在一起的時候，他們會感到更加不自然，甚至說不出一句話。當聚會結束以後，他們會一遍一遍地在腦子裡重溫剛才的鏡頭，回顧自己是如何處理每一個細節的，自己應該怎麼做才正確。

這樣的經理人可能會認爲自己是個乏味的人，並認爲別人也會那樣想。於是就會變得過於敏感，更不願意打攪別人。

這樣做，會使得他們感到更加的焦慮和抑鬱，從而使得社交恐懼的症狀進一步惡化。許多患者不得不改變他們的生活，來適應自己的症狀。他們和他們的家人不得不錯過許多有意義的活動。他們不能去逛商場買東西，不能帶孩子去公園玩，甚至爲了避免和人打交道，他們不得不放棄很好的工作機會。

遇到這樣的經理人，我往往告訴他們下面這些方法：

1.做一些克服羞怯的運動：將兩腳平穩地站立，然後輕輕地把腳跟提起，堅持幾秒鐘後放下，每次反覆做三十下，每天這樣做二至三次，可以消除心神不定的感覺。

2.要強迫自己做數次深長而有節奏的呼吸，這可以使緊張的心情得以緩解，爲建立自信心打下基礎。

3.與主管或同事在一起時，不論是正式與非正式的聚會，開始時不妨手裡握住一樣東西，比如一本書、一塊手帕或其他小東西。握著這些東西，會感到舒服而且有一種安全感。

4.學會毫無畏懼地看著職位在你之上的人，並且是專心的。當然，剛開始時這樣做比較困難，但你非學不可。試想，你若老是迴避別人的視線，老盯著一件辦公桌或遠處的牆角，不是顯得很幼稚嗎？難道你和對方不是處在一個同等的地位嗎？爲什麼不拿出點勇氣來，大膽而自信地看著別人呢？

5.有時，你的羞怯不完全是由於過分緊張，而是由於你的知識領域過於狹窄，或對當前發生的事情知道得太少的緣故。假若你能經常讀些課外書籍、報刊雜誌，開拓自己的視野，豐富自己的閱歷，你就會發現，在社交場合你可以毫無困難地表達你的意見。這將會有力地幫助你樹立自信。

7.外交中贏得好人緣的訣竅

好人緣是一個人的巨大財富。有了它，你的事業才會順利，生活才會如意。但你要知道，它不會從天上掉下來，而是需要你的辛勤努力才能獲得的。

一個小男孩不懂得見到大人要主動問好、對同伴要友好團結，也就是缺少禮貌意識。聰明的媽媽爲了糾正他這個缺點，把他領到一個山谷中，對著周圍的群山喊：「你好，你好。」山谷回應：「你好，你好。」媽媽又領著小孩喊：「我愛你，我愛你。」不用說，山谷也喊道：「我愛你，我愛你。」小男孩驚奇地問媽媽這是爲什麼，媽媽告訴他：「朝天空吐唾沫的人，唾沫會落在他的臉上；尊敬別人的人，別人也會尊敬他。因此，不管是時常見面，還是遠隔千里，都要處處尊敬別人。」小男孩朦朦朧朧地明白了這個大道理。

由此可見，在外交中尊重別人是多麼的重要。

人是需要關懷和幫助的，尤其要十分珍惜自己在困境中得到的關懷和幫助，並把它看成是「雪中送炭」，視幫助者爲眞正的朋友。幫助別人不一定是物質上的幫助，簡單的舉手之勞或關懷的話語，就能讓別人產生久久的激動。如果你能做到幫助曾經傷害過自己的人，不但能顯示出你的博大胸懷，而且還有助於「化敵爲友」，爲自己營造一個更爲寬鬆的人際環境。

心存感激

生活中，人與人的關係最是微妙不過，對於別人的好意或幫助，如果你感受不到，或者冷漠處之，常會因此而生出種種怨恨。

經常想一想吧：你在工作中覺得輕鬆了，說不定有人在爲你負重；你在享受生活賜予的甜蜜時，說不定有人在爲你付出辛勞……，生活在社會大群體裡的你我，總會有人爲你擔心、替你著想。

常存一份感激之心，就會使人際關係更加和諧。情感的紐帶因爲有了感激，才會更加堅韌。

眞誠讚美

管理大師彼德魯說過：「每個人都喜歡讚美。」讚美之所以得其殊遇，一在於「美」

字，表明被讚美者有卓然不凡的地方；二在於「贊」字，表明讚美者友好、熱情的待人態度。

人類行爲學家約翰．杜威也說：「人類本質最深遠的驅動力，就是希望感知自我的重要性，希望被讚美。」

因此，對於他人的成績與進步，要肯定，要讚揚，要鼓勵。當別人有值得褒獎之處時，你應毫不吝嗇地給予誠摯的贊許，以使得人們的交往變得和諧而溫馨。

歷史上，戴維和法拉第的合作是一個典範。雖然有一段時間，法拉第的突出成就引起戴維的嫉妒，但其二人的友誼仍被世人所稱道。這份情誼的取得，離不開法拉第對戴維的眞誠讚美這個原因。法拉第未和戴維相識前，就給戴維寫信：「戴維先生，您的講演眞好，我簡直聽得入迷了，我熱愛化學，我想拜您爲師……」收到信後，戴維便約見了法拉第。後來，法拉第成了近代電磁學的奠基人，名滿歐洲，他也總忘不了戴維，說：「是他把我領進科學殿堂大門的！」可以說，讚美是友誼的源泉，是一種理想的黏合劑，它不但會把老相識、老朋友團結得更加緊密，而且可以把互不相識的人聯在一起。

誠懇道歉

有時候，一不小心，可能會碰碎同事辦公桌上心愛的花瓶；自己欠考慮，可能會誤解別人的好意；自己一句無意的話，可能會大大傷害別人的心……，如果你不小心得罪了別人，就應眞誠地道歉。這樣不僅可以彌補過失、化解衝突，而且還能促進雙方心理上的溝通，緩解彼此的關係。切不可把道歉當成恥辱，那樣將有可能使你失去一位朋友。

8.談判的藝術

身爲經理人，你整天都在談判，不僅是爲工作，還要與你遇到的各式人物進行談判。與你的老闆、雇員、賣主、顧客、妻子、孩子，甚至與沒有修好你家電冰箱的維修工……

無論是日常生活談判，還是公司重大的商業談判，獲得成功的技能都是一樣的。當然，你還可以運用一些其他技巧和謀略，來對這些技能精益求精，並用個人風格爲這些技能增添風采。但以下六大要點是必不可少的：

知己知彼

談判開始之前，你應該對談判的各個方面了如指掌。明確下次談判最重要的細節，同時還應瞭解以下兩點：

1.談判中的論點問題：當開始直接對話的時候，一定要確保自己對談判議題比對手有更多的瞭解。這其中解決價格難題又至爲關鍵，在談判對手眼中，價值總是至上的。爲此，你必須做充分的調研，並確保調研後，你能對該勞務或產品所持的基本價格做出定論。不要忘記你是在花自己的錢，你一定要做出最準確的決斷。同時別忘了，價格瞬息萬變。通常在同一個地區，瞭解正常跌價的資訊以及某種商品的跌價比率，與收集現價的資訊一樣重要。

2.談判對手問題：儘可能多地瞭解對手，瞭解其談判以外的個人要求。你可以先從外圍開始接觸一個機構。研究這個機構的情況，並把你最初的接觸點定得儘可能更高一些。如讓主管親自寫個便函，請別人給你一次見面的機會。接待你的人並不知道你是以何種關係得到這個便函的，但他對你的態度肯定會客氣一些。

在某種情況下，你還可以對談判的對手做出選擇。但如果開始你不能確定所面對的人，是否爲最佳談判對手人選，那麼可以以友好的方式進行談話。在瞭解對方的任職時間和工作經歷的過程中，同時可對其擁有的威望程度和靈活性進行評估。任職時間長的人，通常會比任職時間短的人具有更大的威望與靈活性。透過談話，你會做到心中有數，瞭解到與你打交道的對手可能有過挫折，甚至瞭解到對方對其效力公司的忠誠度。

收尋「隱諱事機」

當準備談判的時候，要對這樣的一件事情保持警覺，即並不是每一件事情都表裡如一。也許某位買主除了買東西外，還想和你的公司建立一種關係；也許他是想瞭解一下

你的生意運作情況，以便他進入這一領域；也許他是想教訓一下另一位供應商，不一而足。在談判領域，這些隱藏的動機被稱爲「隱諱事機」。

「隱諱事機」很難被偵察出來，所以在談判過程中，你一定要留心「隱諱事機」存在的可能性，你不可能在會談進展的初期，或者透過直接詢問的方式發現這些。作爲不斷完善準備工作的一部分，你應該盡最大可能去收集有關這些動機的資訊。

知道別人的動機越多，自己成功的可能性就越大。

載錄相關資訊

談判開始前，先在腦中列張清單，最好是寫下來。研究表明，寫下記錄後，即使立即拋棄不用，你也能更好地回憶起相關的內容。同時記錄資訊也是一種便捷的作法。即使對方老羞成怒、信口雌黃，你也不必拍案而起。可以說句：「讓我們查查記錄」，或「哎呀，根據我們的記錄反映，……但你說……」，既可用作緩兵之計，又會比直接說「你說過……」要少了許多直接的對立感，也有助於避免爭端。

資訊情況調查表

最後，我列出了一個資訊情況調查表，雖然這些資訊並不是每次都對你有用，但你確實可以從中獲益良多。

請填寫下列談判對方的資訊：

- 姓名
- 公司
- 你與談判對手的關係如何
- 對手爲其公司效力的時間
- 對公司將來有何打算
- 是否有計畫脫離公司
- 什麼時間、什麼情況下脫離
- 談判對手的資歷情況
- 對此次談判，對方公司有何政策出現
- 對手補償金是多少
- 倘若本次交易爲了省錢，是否有激勵措施
- 補償金是以回扣形式，還是直接反映在工資中
- 對方對什麼敏感
- 來自對方工作處境的其他壓力是什麼

- 協定最終達成之前，對方必須向誰諮詢
- 對方有多大權限，也就是說，在什麼情況下，他有權終止一項交易
- 在什麼情況下，須經更高決策層授權
- 許可權的臨界點
- 對方是如何被其主管發現並委以重任的
- 對方對你是何態度
- 對你的公司是何態度
- 對你的專案是何態度
- 過去誰與對方合作過類似的專案
- 你如何與此人接觸
- 其他人對對方有何看法
- 你對對手作何評估

……

9.多參加酒會

在社交活動中，經理們參加酒會的機會，和主辦酒會的機會的確很多，善於利用酒會，會使你的外交大大增色。因此，瞭解一些酒會的特點和用餐的形式，對你而言十分重要。

酒會的特點

酒會除了以酒水和冷食爲主這兩大特徵之外，它還具有以下幾個方面的明顯特點。不瞭解這些特點，就不容易瞭解酒會何以會迅速普及和大受歡迎。

1.不必準時

出席酒會時，到場與退場的時間一般掌握在自己手中，完全沒有必要像出席正規宴會那樣，非要準時到場、退場不可。

2.不限衣著

參加酒會時，若無特別要求，你在穿著打扮上不必刻意修飾，只要做到端莊大方、乾淨整潔就可以了。

3.不排席次

在酒會上，通常不爲用餐者設立固定的座位，也就是說，它是不用排桌次、位次的。用餐者在用餐時，一般均須站立，找個座位稍作休息也未嘗不可。

4.自由交際

與上一特點相關，因無席位限定，在酒會上，用餐者完全可以自由自在地、隨便選擇自己中意的交際對象，自由組合，隨意交談，這樣一來，就不必非與不喜歡的人進行周旋了。

作爲經理人，你也可以經常在家中舉辦一些酒會，下面有一些敬酒的程式可以供你參考：

宴請賓客時，上酒應注意以下規則：

①酒質較輕的酒應比酒質較重的酒先敬上來供客人使用。

②沒有甜味的葡萄酒先上，甜葡萄酒後上。

③如果不想更換酒的品種，那麼就應該變化酒的年份。

④同一品種的酒，按不同的年份劃分先後敬酒的次序。

以上四條是宴會上敬葡萄酒的一般規則。另外，必須保持瓶裝葡萄酒的澄清度。對於一些葡萄酒，特別是紅葡萄酒，在瓶內經過較長時間的貯存後，難免在瓶底產生一些沈澱物，在這種情況下，必須先除去沈澱物，然後再按上面的方法送上餐桌。

10.多結交一些老闆

大公司的老闆是很難與一般的部門經理會面的，但是，若能與他們合作或與他們交上朋友，那眞是很榮幸也是很珍貴的，因爲從他們那裡你會大開眼界，學到許多你平常學不到的東西。

要與大老闆交往，最基礎的工作就是要掌握大老闆的實力關係。大老闆也是人，不是神，他有各種社會關係，有各種各樣的業務，也有各種各樣的喜好、性格特徵。特別是現代媒體，經常關注一些大老闆的情況，從中你定會瞭解一二。

從過去和他人口中瞭解大老闆。你可以從大老闆的歷史上認識他，他的過去、他的經歷、他的祖輩，也可以從他的親屬、他的朋友、他的子女等等那兒認識瞭解他。

從業務上瞭解大老闆也是一條好途徑。他的經營範圍主要是哪些、次要是哪些；他的分公司、子公司分佈在什麼地方；這些公司的經營者是誰；會多長時間去視察分公司、子公司一次，等等。

從興趣愛好上瞭解大老闆。他喜好什麼運動、什麼物品、什麼性格的人，他喜歡或經常參加什麼聚會；他休閒、娛樂的方式有哪些、去些什麼地方等等。

總之，要結交一個大老闆又沒有機會的時候，你不妨從以上幾方面去瞭解，總會發現一些機會的。

當你發現或者創造了與大老闆見面的機會後，最重要的便是如何製造一種特殊的會面氛圍。因爲，在眾多的人物當中，你本身就是芸芸眾生中的一員，說不定連話都跟大老闆說不上。

在選擇位置上，一定要選擇一個與大老闆儘可能近的位置，以便他能發現你，並且一有機會便可搭上關係。

同時，要以穿著表現自己的個性，因爲與人第一次交往，別人往往是從服飾上得來第一印象。著裝要表現個性、特色，使人一目了然。

要針對大老闆關注的事予以刺激，要儘快發現對方關注何事，找到適當的話題，抓住對方的注意力，刺激對方對自己的興趣，話語要力求簡潔、有獨創性，使對方產生震撼，留下較爲深刻的第一印象。

適當展示自己的能力，是贏得大老闆青睞的重要方法。大老闆一般都愛才，如果你

一貫表現出對他意見的贊同，不敢表現自己獨特的見解，他會反感你的。因此，適當表現自己的獨特才幹，是會受大老闆喜愛的。當然，你不能表現得太過鋒芒畢露，讓人一見就覺得有喧賓奪主之感。

別出心裁送贈品是聯繫大老闆情感的重要方式。這要針對大老闆的具體情況，不能千篇一律，不能委託他人。不一定昂貴就是好禮品，要贈送，就要送他特別喜愛的禮物才是。同時在饋贈方式上也要別出心裁，從包裝樣式、贈送儀式都要顯得別具一格。有時，你不妨請他的太太代理，或許效果會特別的好。

寫信是交流思想、聯繫感情的好方式。隨著電訊事業的發展，電腦技術的開發，很多人的聯繫方式都是透過電話、簡訊、電腦等，很少再看見以書信方式交流了。其實，人人都希望有一位朋友悄悄跟自己說話，書信便是最好的方式。在書信裡你不必有過多顧慮，可以敞開心扉與之交流！也許，你只花幾分鐘，相當於同他交流幾個小時呢。因爲，信給人的想像空間很大。當然要注意，寫信的字不能太潦草，也不能用印刷品，讓人覺得很不眞誠。

11. 第一印象和散發名片都很重要

在一次雞尾酒會上，馬琪遇到了一家公司的財務和行政副總裁潘蒂，馬琪問：「作爲公司主管財務和行政的副總，你在一個特殊的日子裡會做些什麼呢？」潘蒂解釋說，她一直希望能得到一個專門爲公司設計、以公司名稱簡寫結尾的電話號碼。馬琪是一家電信公司的公關總監，答應幫這個忙。她回到辦公室後，把潘蒂的名字交給了公司的銷售代表。幾天後，這位銷售代表打電話給馬琪，告訴她事情已經辦妥。事後潘蒂把她公司的業務轉給馬琪公司來做，這可是每月能帶來九千美元的生意！

喬儀絲是一個財務諮詢師，在一次行業會議上遇到了一位先生，他問她：「如果你有三十萬美金，你將怎麼投資？」喬儀絲的回答顯然讓那位先生很滿意，於是他請她替他打理投資事務。喬儀絲因此獲得了一萬八千美元的收益，這就是那次談話的價值！

每個經理人都有商務交往，但並不是每個人的商務交往都重要。每個經理人都知道交際意味著什麼，但不一定都知道怎麼正確地交際。簡單地說，交際就是有目的地交換

資訊和資源，相互支援和接觸，從而建立起互惠互利的推動個人和商務成功的關係。

散發名片不是交際，大多數人的名片最後都被扔進了廢紙簍。爲了使商務交往更有效，你必須建立一種眞實的、人與人之間的聯繫。善於交際的經理人自信他們能從和他人的交談中得到樂趣，也能讓他人得到同樣的感受，從而欣然爲他們幫忙。

作爲一個經理人，你也許還沒有充分釋放自己在交際上的潛能。有一個好方法能夠幫助你釋放潛能，這就是運用合理的交際策略。在你採取倉促地加入一些組織，或者邀請他人共進午餐等行動之前，最好先制定計畫。你的策略計畫將幫助你把交際變成一種生活方式。這樣的策略應當包括：

定製交際網路

按照自己的需要創建交際網路，別去拷貝別人的，你要發展的是那些適用於你自己目地的關係。比如，你可以把交際網路的重點，放在解決諸如尋找客戶資源等特定的問題上。

你可以利用兩個方法定製你的交際網路：一是單獨聯繫；二是加入組織。你的關係網來自於五湖四海，你可以和願意與你交往的人建立強有力的商務來往，他們可以是過去或現在的同事、大學教授、在職任教老師、你的鄰居，以及能爲你效勞，或能和你消磨閒暇時光的人。

爲了迅速擴大你的交際面，尋找到和你氣味相投的人，加入一些組織是個好辦法。記住，不是所有的組織都可以幫你建立交際網路的，你必須策略性地選擇交際的地方。分配好自己下一年用在交際上的時間和金錢，接著根據自己職業和業務發展的目標，仔細挑選你想加入的組織。在評估這些組織對你的用處時，不妨問問自己：我對這個組織的宗旨感到振奮嗎？組織中的成員可能需要我的產品或服務嗎？這個組織在專業方面有聲望嗎？在圈子裡有名嗎？他們的活動吸引人嗎？

獲取對方信任

透過多次交往和交談，你能以身作則，讓人感受到你的眞誠，人們也會投桃報李。這就是欲取信於人，必須先讓人感受到你值得信任。

如果職業發展教練湯姆在會議上草率地做記錄，或忘了回露西的電話，抑或在他編寫的市場營銷守則上錯字連篇，露西就很可能不會聘用他了，當然，她也不會向其他朋友推薦他。相反的，如果湯姆能恪盡職守，迅速回電話，在市場營銷守則的編寫上保持嚴謹的作風，那麼，露西在需要爲改變自己職業而諮詢專業意見的時候，就會想到他。

當你的交往對象感受到你的性格和能力時，就會對你產生信任。在你的性格上，可

靠、守時、善待他人、不在背後說人壞話、尊重他人的時間和職業都能讓你贏得信任。

在能力方面，你可以向交際對象展示你獲得的榮譽和你在行業中的領先地位，表現出你對學習孜孜不倦，適時地指導他人，同他人分享經驗，認眞做好每一件小事，致力達到或超越他人的期望。

樹立持久形象

良好的關係是能看得見的，因此，讓別人記住你是關鍵。如果你的交際對象一遇到機會就會立即想到你，那麼這樣的交際對象越多，就越能說明你的交際網路是多麼牢靠。

加入組織能達到這個目的。組織成員的身分能讓你建立和維持長久的關係，組織能讓人產生認同感和歸屬感，你能從中吸取新的營養，還可以培養你的主管能力。

如果你有能力也願意做些事情，在組織裡扮演適當的角色很關鍵。如果組織分派你一個會計的角色，你能很好地完成，那麼人們就會推想，你也一定能做好程式師或房地產銷售員的工作。反之，如果你答應要做某件事，卻沒有做到，人們就會認爲你不可靠。這就是所謂「要麼都行，要麼都不行」。原則就是，你做好了一件事，人家就認爲你什麼都能做；你搞砸了一件事，人家就認爲你一無是處。

利用會議機會

會議提供了讓人們面對面接觸的機會，如果在會議上，你不能同他人有效地交流，你會感到灰心喪氣。

富有效率的會議交流，應該遵循下列原則：

在開會前，將會議提綱給同事看看，問問他們有沒有什麼是你可以在會上效勞的。

明確目標。你要問什麼問題，要見什麼人。

用手提電腦做記錄，回到公司後將這些記錄傳送給同事。

做即興討論，邀請你想深入交談的人共進晚餐。

積極參與會議。提問是個好辦法，可以強迫你積極思考，而不是被動地呆坐在那裡，提問時應該站起來，用洪亮的聲音發問，介紹你的身分。

who-what-what：商務交際的通行法則

每一次交際都以「你是誰？」、「你是做什麼的？」、「我們可以談些什麼？」等問題開始，如何把握這些可能價值數百萬美元的機會呢？

你是誰？有人說：「我飛快地完成了這個過程，然後直奔主題。」但是在交際中，姓名其實就是主題。不瞭解他人的名字，很難開始建立關係，所以，請慢點，讓這個相互介紹的過程多停留些時間。把你的名字念兩次，講一些關於你的名字的趣聞，有助於別人記住你。

你是做什麼的？你想讓你的交際對象瞭解你哪一點呢？「最好／證詞」這個公式可以幫助你。「最好」是指你最擅長做什麼；「證詞」是指因爲你的某個長項而使你獲得過什麼榮譽，這對他人記住你是有幫助的。郝斯麗過去常稱自己爲「營銷諮詢師」，現在她這樣描述自己：「我幫助人們讓外界瞭解他們的產品和服務。」她生動的舉例，爲她的說辭增加了吸引力，「上周，我寫了一篇新聞稿，刊登在周二的商業版上，是關於我的一個註冊會計師客戶的，他剛剛打電話告訴我，因爲這篇文章，他接到了七個潛在客戶的電話。」

我們可以談些什麼？在你同人交流的時候，你得明白交談的目的。其實，目的就是「取」和「予」。爲了「予」，你可以想想你的成就、技能、興趣和資源。MORE這個公式可以幫助你，字母M代表Methods，即方法，人際交往能讓你的生活變得輕鬆嗎？字母O代表Opportunities，即機會，你能給大家什麼機會嗎？R代表Resources，即資源，你能介紹關係給他人嗎？你能給他人什麼幫助嗎？E代表Expertise，即專長，你懂得的東西對他人有幫助嗎？

關於「取」，REAL這個公式可以幫助你，字母R代表Results，即結果，你在此次交流中得到什麼了嗎？E代表Expertise，即專長，你想知道些什麼？A代表Access，即接觸，你希望同誰建立關係？L代表Leads，即方向，你需要用這個關係做什麼？

國家圖書館出版品預行編目資料

卓越管理：成功領導者養成聖經／劉志遠編著. --
初版. -- 新北市：華夏出版有限公司, 2023.09
面； 公分. --（Sunny 文庫；320）
ISBN 978-626-7296-56-1（平裝）
1.CST：領導者 2.CST：組織管理
3.CST：職場成功法

494.2 112009972

Sunny 文庫 320
卓越管理：成功領導者養成聖經

編　著　劉志遠
印　刷　百通科技股份有限公司
電話：02-86926066 傳真：02-86926016
出　版　華夏出版有限公司
220 新北市板橋區縣民大道 3 段 93 巷 30 弄 25 號 1 樓
電話：02-32343788 傳真：02-22234544
E-mail：pftwsdom@ms7.hinet.net
總 經 銷　貿騰發賣股份有限公司
新北市 235 中和區立德街 136 號 6 樓
電話：02-82275988 傳真：02-82275989
網址：www.namode.com
版　次　2023 年 9 月初版一刷
特　價　新台幣 380 元（缺頁或破損的書，請寄回更換）

ISBN-13：978-626-7296-56-1